EXPERIMENTE für Mathematik

RICARDO JOHN

7|8

Lehrplanthemen mal anders angehen

Cornelsen

Der Autor:
Ricardo John ist Lehrer an der Philipp-Reis-Schule in Berlin-Lichtenberg und unterrichtet die Fächer Mathematik und Biologie.

Durchsicht des Manuskripts: Renate Bachmann (Berlin)

Projektleitung: Gabriele Teubner-Nicolai, Berlin
Redaktion und Sachzeichnungen: Stefan Giertzsch, Werder (Havel)
Umschlagkonzeption und -gestaltung: Corinna Babylon, Berlin
Umschlagfoto: Colourbox
Illustrationen: Bianca John, Berlin
Layout / technische Umsetzung: LemmeDESIGN, Berlin
Bildnachweis: S. 82: Fotolia/Demerzel; alle sonstigen Fotos: Ricardo John

www.cornelsen.de

1. Auflage 2016

Druck: H. Heenemann, Berlin

ISBN 978-3-589-15025-0

PEFC
PEFC/04-31-1156

PEFC zertifiziert
Dieses Produkt stammt aus nachhaltig bewirtschafteten Wäldern und kontrollierten Quellen.
www.pefc.de

Inhaltsverzeichnis

Inhaltsverzeichnis

FLÄCHEN UND KÖRPER

DATEN, ZUFALL UND WAHRSCHEINLICHKEIT

Vorwort

Das Experimentieren *(lat. versuchen, prüfen, probieren …)* im Mathematikunterricht meint im weitesten Sinne die Gesamtheit praktischer Tätigkeiten und Handlungen mit der zentralen Intention, Wissen und Können empirisch zu generieren. Die Durchführung von Experimenten fasst hier im weitesten Sinne unterschiedliche praktische Tätigkeiten zusammen, neben dem Experimentieren auch das Beobachten und das Vergleichen usw. Die Schülerinnen und Schüler *(der besseren Lesbarkeit wegen wird nachfolgend von Schülern gesprochen)* lernen, indem sie ihre unmittelbar zugängliche Erfahrungswelt schwerpunktmäßig mit den Mitteln der Mathematik (altgriechisches Adjektiv: ***die Kunst des Lernens***) erkunden. In diesem Sinne stellt die Mathematik adäquate Werkzeuge und Methoden für die Gestaltung kognitiver Prozesse zur Verfügung. Sie liefert Modelle für die pragmatische und nachvollziehbare Gestaltung der gewünschten Erkenntnisprozesse.

Das eigentliche abstrakte mathematische Wissen und Können soll durch aktives Handeln erschlossen und möglichst dauerhaft reproduzierbar im persönlichen kognitiven Vermögen verankert werden. Experimentelle Tätigkeiten ermöglichen und fördern längere Phasen der selbstständigen Lernarbeit mit unterschiedlichen Sozialformen. Weiterhin leistet die Einbeziehung von Experimenten in die Unterrichtsarbeit einen nicht zu unterschätzenden Beitrag zur Differenzierung des Unterrichts hinsichtlich unterschiedlicher Faktoren, wie dem individuellen Lerntempo der Schüler, der Nutzung von Partner- und Gruppenarbeit, dem Umfang des Lernstoffs, der Bereitstellung von Hilfestellungen usw. Es darf mit einem hohen Maß an Motivation, resultierend aus interessanten Inhalten und dem praktischen Tun gerechnet werden. Unterschiedliche Lösungswege, unerwartete Lösungsansätze oder auch nur vage Lösungsideen sind willkommen und ausdrücklich erwünscht.

Natürlich erfordern Unterrichtsstunden und Projekte, in denen Experimente durchgeführt werden, einen größeren Aufwand innerhalb der Unterrichtsvorbereitung, der aber mit „schönem" Unterricht belohnt wird. Mit dieser Heftreihe möchten wir Ihnen, liebe Lehrerinnen und Lehrer, mit Ideen, Anregungen und ausgearbeiteten und erprobten Unterrichtssequenzen die Vorbereitung und Durchführung des experimentellen Unterrichts in Mathematik erleichtern.

Im Heft finden Sie Anregungen für ganzheitliche und durch praktische Tätigkeiten geprägte Unterrichtsabschnitte. Für die Themen stehen variabel einsetzbare Bausteine (Arbeitsblätter, Protokolle für Experimente, Tipps, Stationskarten, Material, Zusatzaufgaben usw.) zur Verfügung, die Sie entsprechend den konkreten Unterrichtsbedingungen modifizieren, ergänzen und erweitern können. Die Arbeitsblätter sind in der Regel auch unabhängig von den Experimenten einsetzbar, z. B. innerhalb von Recherchen und Vorträgen. Zeitlich sind die Themen für eine Arbeitszeit von 45 Minuten konzipiert. Abweichungen können sich aus den konkreten Unterrichtsbedingungen ergeben, deshalb ist eine genauere zeitliche Anpassung Ihrerseits erforderlich. Sammeln, formulieren und diskutieren Sie vor dem Experimentieren gemeinsam mit den Schülern stets Hypothesen.

Die Unterrichtsvorschläge sind folgendermaßen strukturiert:

	Organisationsform
Thema	Die Schwerpunkte der Unterrichtssequenz.
Materialien	Die benötigten Materialien und Geräte für die Schülerexperimente, Demonstrationen, Projekte usw.
Sicherheitshinweise	Die relevanten Hinweise und Tipps, die die Sicherheit betreffen.

WORUM GEHT ES – WAS WIRD DEUTLICH?

Hier finden Sie den mathematischen Hintergrund kurz und knapp zusammengefasst.

WAS IST ZU TUN?

Diese Rubrik verdeutlicht den prinzipiellen Ablauf der Unterrichtssequenz und gibt wichtige ausgewählte Informationen, Hinweise, praktische Hilfen und Lösungen zu ausgewählten Aufgaben.

Demonstrationen statt Schülerexperimenten bieten sich an, wenn z. B. die Sicherheit der Schüler gefährdet ist oder Experimentiermittel nicht ausreichend zur Verfügung stehen. So weit wie möglich sollten die Schüler aktiv in das Geschehen mit eingebunden werden (Messwerte ablesen, Notizen machen usw.).

Schülerexperimente finden in Partnerarbeit statt. Die Arbeitsblätter sind in der Regel als Protokolle nach Vorbereitung, Durchführung und Auswertung gegliedert. Für ausgewählte Bereiche stehen den Schülern **TIPPs** und **MATERIALIEN** zur Verfügung.

Lernstationen bieten eine Auswahl von mehreren Experimenten, die wenig Einsatz erfordern und mit geringerem Zeitaufwand von jedem Schüler in der Unterrichtsstunde realisiert werden können. Während der Durchführung bzw. in der anschließenden Auswertungsphase erfassen die Schüler in Einzelarbeit ihre Beobachtungen und prüfen die Hypothesen für die entsprechenden Experimente. Beinhalten die Lernstationen Wettbewerbe, sollten auch die Sieger gewürdigt werden. Für das Grundniveau können die Lernstationen auch als **Demonstrationen** mit aktiver Beteiligung (Durchführung, Beobachtung …) angeboten werden.

Lernspiele werden in Gruppenarbeit mit mehreren Spielern durchgeführt und dienen der spielerischen Vermittlung, Anwendung und Übung fachlicher Inhalte und Zusammenhänge nach gültigen Regeln.

Projekte stehen hier für Lernorte außerhalb des Unterrichtsraumes (Pausenhof, Sporthalle, Sportplatz, Spielplatz, Wald …). In Gruppenarbeit bearbeiten die Teams die Aufträge.

Recherchen erfolgen z. B. in Büchern und im Internet für die möglichst selbstständige Beschaffung von Informationen zu den Themen.

WIE KANN DIFFERENZIERT WERDEN?

- **NIVEAU 1:** Hauptsächlich für das Grundniveau stehen umfangreiche Tipps und Materialien zur Verfügung.
- **NIVEAU 2:** Im Erweiterungsniveau sollen die Experimente von den Schülern möglichst selbstständig geplant, durchgeführt und ausgewertet werden.
- **ZUSATZ:** Über das Basiswissen hinaus finden hier „schnelle" und interessierte Schüler ergänzende und weiterführende Lernangebote.

Der Hefteinband zeigt eine Übersicht zu ausgewählten Materialien und Geräten für die praktischen Übungen und experimentellen Tätigkeiten.

Viel Spaß beim Entdecken und Experimentieren!

Die Vermessung des Menschen

Nützliche Maße und historische Einheiten

	Lernstationen
Thema	Das Bestimmen der persönlichen Körpermaße und das Messen mit diesen Maßen in Alltagssituationen Station 1: die **Elle** Station 2: die **Daumenbreite** Station 3: die **Fußlänge** (Fuß) Station 4: die **Hüfthöhe** Station 5: die **Finger-Daumen-Spanne** Station 6: die **Schrittweite** Station 7: das **Klafter** Station 8: der **Kopfumfang** 
Materialien pro Station	ein Maßband und Lineale (mit unterschiedlichen Längen)

WORUM GEHT ES – WAS WIRD DEUTLICH?

„Das Einhalten des rechten Maßes“ (discretio) nahm Benedikt von Nursia (480–560 n. Chr.) in seinen Kanon der nach ihm benannten Regeln des heiligen Benedikts auf. In allem das richtige Maß halten gilt auch und insbesondere in der Mathematik. Der Umgang mit Maßen (Maßeinheiten) ist eine fundamentale Kompetenz für einen erfolgreichen mathematisch-naturwissenschaftlichen Unterricht. Den Schülern soll mit Ein- und Überblicken bezüglich historischer Dimensionen, praktischer Ermittlung und sinnvoller Nutzung von Maßeinheiten deren Bedeutung in Wissenschaft und Technik (nicht nur im schulischen Bereich), aber insbesondere auch im täglichen Leben plausibel und nachvollziehbar erscheinen. Dieses Grundverständnis für Längenvorstellungen und den Einsatz von Maßeinheiten üben die Schüler, indem sie ihre individuellen Maße ermitteln und in alltäglichen Situationen anwenden.

WAS IST ZU TUN?

Innerhalb der Vorbereitung (auch als Hausarbeit) ist eine Internet-Recherche zum Thema „Alte Maße und Einheiten“ empfehlenswert. Die Schüler können beispielsweise ein Miniplakat (Format DIN A4) erstellen und präsentieren. In Absprache mit dem Geschichtsunterricht bietet sich ein historischer Diskurs an, z. B. mit dem Video „Die Jagd nach dem Urmeter“ (ZDF-Mediathek). Anschließend kann eine Auswahl der gefundenen Maße und Einheiten zusammenfassend ausgewertet werden (KV 1), die dann im anschließenden Schülerexperiment (KV 1) von jedem Schüler persönlich in Partnerarbeit an Lernstationen (STATIONSKARTEN) bestimmt wird. In der folgenden Stunde bietet sich als Anwendung das Messen mit den persönlichen Körpermaßen z. B. auf dem Schulhof an (KV 2). Hier können entsprechend den baulichen Gegebenheiten beispielsweise folgende Längen ermittelt werden:

Länge des Basketballfeldes	Länge der Sitzbank	Höhe der TT-Platte
Breite des Basketballfeldes	Länge der TT-Platte	Höhe einer Treppenstufe
Umfang des Fahnenmastes	Länge des Zaunes	Höhe des Zaunes

Mit diesen Messübungen sind die Schüler bestens für das Projekt „Der mathematische Spaziergang“ gerüstet.

WIE KANN DIFFERENZIERT WERDEN?

- **NIVEAU 2:** Bei der Durchführung können die Schüler zusätzliche Stationen (z. B. Körpergröße, Halsumfang …) absolvieren und diese Messungen auch beschreiben.
- **ZUSATZ:** Die Schüler bearbeiten eine Zusammenfassung zum Thema **INCH** (KV 3) und vergleichen den „offiziellen Wert“ mit ihren persönlichen Werten.

STATIONSKARTEN DIE VERMESSUNG DES MENSCHEN

1 Bestimmt die Länge eurer Elle und notiert die Werte.

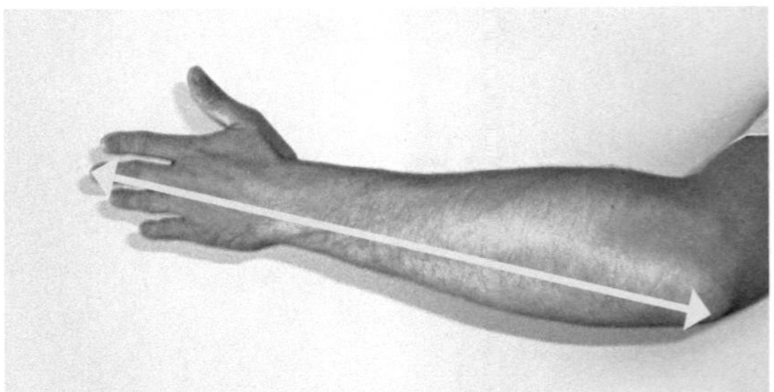

Material: Lineal oder Gliedermaßstab (Zollstock)

2 Bestimmt eure Daumenbreite und notiert eure Werte.

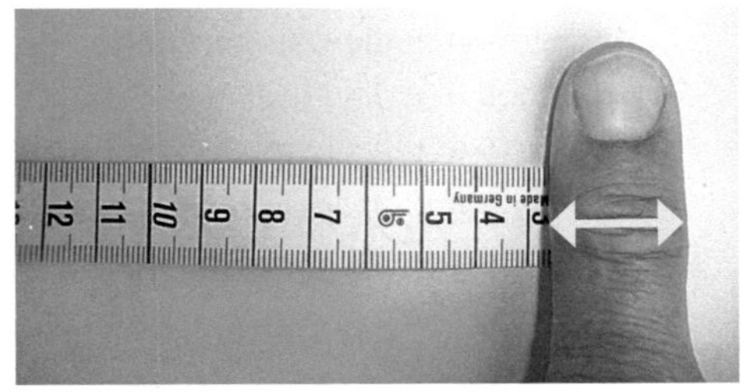

Material:
Lineal, Maßband oder Gliedermaßstab (Zollstock)

3 Bestimmt eure Fußlänge (ein Fuß) und notiert die Werte.

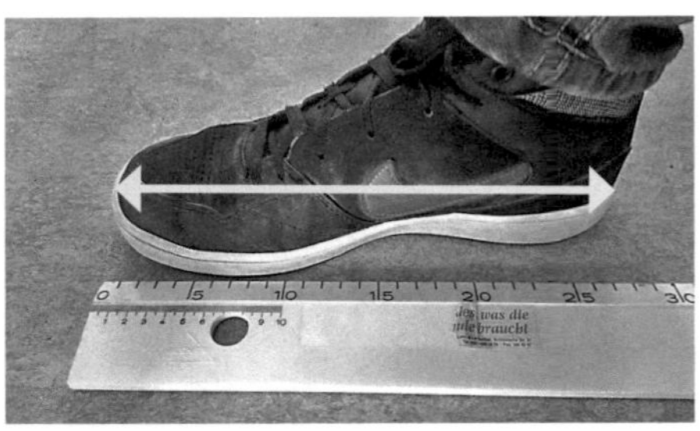

Material: Tafellineal oder Gliedermaßstab (Zollstock)

4 Bestimmt eure Hüfthöhe und notiert die Werte.

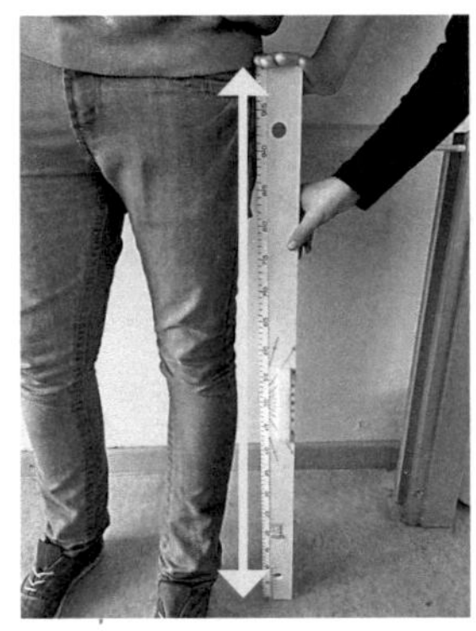

Material: Maßband oder Gliedermaßstab (Zollstock)

5 Bestimmt eure Finger-Daumen-Spanne und notiert die Werte.

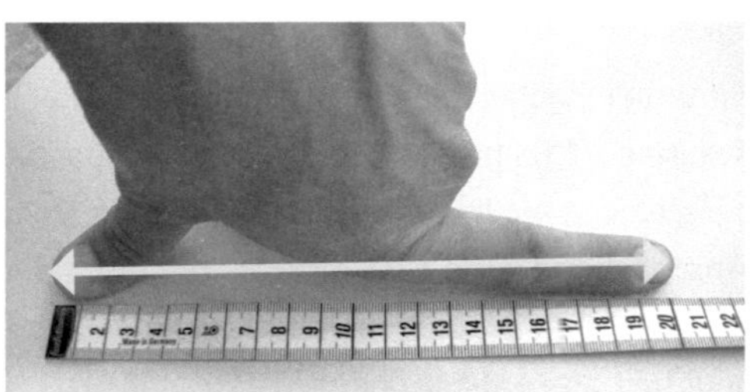

Material:
Lineal, Maßband oder Gliedermaßstab (Zollstock)

6 Bestimmt eure Schrittweite und notiert die Werte.

Material:
Tafellineal, Maßband oder Gliedermaßstab (Zollstock)

7 Bestimmt die Länge eures Klafters und notiert die Werte.

Material: Lineal oder Gliedermaßstab (Zollstock)

8 Bestimmt euren Kopfumfang und notiert die Werte.

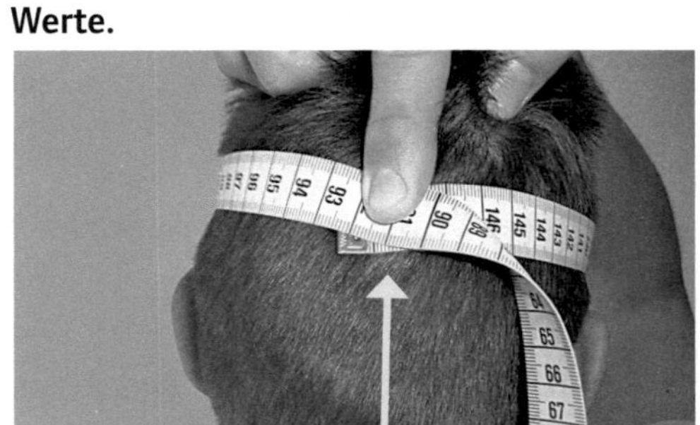

Material: Maßband

Name:	Deine Körpermaße
Klasse: Datum:	

KV 1

Ermittle deine persönlichen Maße

VORBEREITUNG

- Ordne die Maße aus der Tabelle dem Bild in der Durchführung zu.
- Beschreibe die Maßangaben und schätze deine persönlichen Werte.

Maß	Kurzbeschreibung	Schätzwert
Elle	Der Abstand von der Mittelfingerspitze bis zum Ellenbogen.	
Daumenbreite		
Fußlänge		
Hüfthöhe		
Finger-Daumen-Spanne		
Schrittweite		
Klafter		
Kopfumfang		

- Nenne einen Vorteil und einen Nachteil für das Messen mit deinen persönlichen Körpermaßen.

Vorteil: ______________________________

Nachteil: ______________________________

DURCHFÜHRUNG

- Bestimme deine Maße mit einem Maßband oder Lineal. Notiere deine Werte.

Finger-Daumen-Spanne
______ cm

AUSWERTUNG

- Beschreibe eine Situation, in der du eines deiner Körpermaße zum Messen nutzen kannst.

____

____

Name:		Messen mit persönlichen Maßen
Klasse:	Datum:	

KV 2

Miss mit deinen persönlichen Maßen

VORBEREITUNG

› Du hast bereits einige deiner eigenen Körpermaße gemessen. Schreibe die Werte in den oberen Teil der Tabelle.

Elle	**Daumenbreite**	**Fußlänge**	**Hüfthöhe**	**Finger-Daumen-Spanne**	**Schrittweite**

› Mit welchem Maß würdest du **die Länge, Breite** bzw. **Höhe** der folgenden Gegenstände messen?
Ordne in den unteren Teil der Tabelle zu: *Bleistift, Tisch, Raum, Besen, Stuhl, Mülleimer.*

DURCHFÜHRUNG

› Bestimme mit deinen persönlichen Körpermaßen verschiedene Längen, Höhen, Abstände usw.
› Überprüfe deine Messungen mit einem geeigneten Messgerät (Maßband, Lineal …).

Anwendung	benutztes Körpermaß	Messwert mit Körpermaßen	Messwert mit Messgerät
Tischlänge	*Finger-Daumen-Spanne*	*8-mal · 16 cm = 128 cm*	*126 cm*

AUSWERTUNG

› Welche Messungen waren besonders genau? ______________________________

____

› Welche Messungen waren sehr ungenau? ______________________________

____

Name:		Das INCH
Klasse:	Datum:	

KV 3

Stimmt „Dein INCH“?

1 Recherchiere und notiere passende Stichwörter zum Thema INCH.

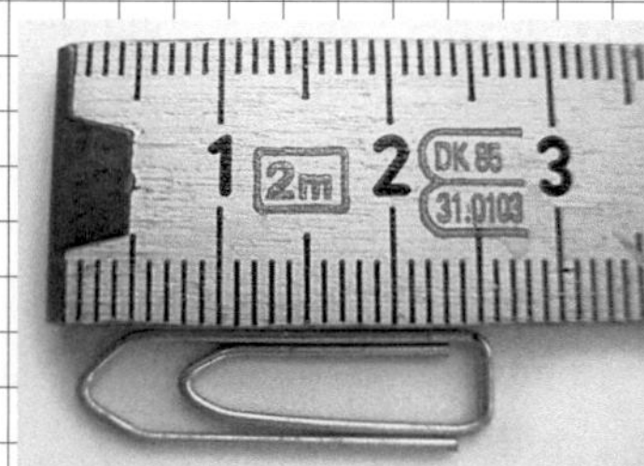

2 Wähle zwei Stichwörter aus deiner Übersicht aus und formuliere jeweils eine Aussage.

a ______________________________

____

b ______________________________

____

3 Bestimme auf zwei unterschiedliche Arten dein persönliches INCH.

a ein INCH = deine Daumenbreite

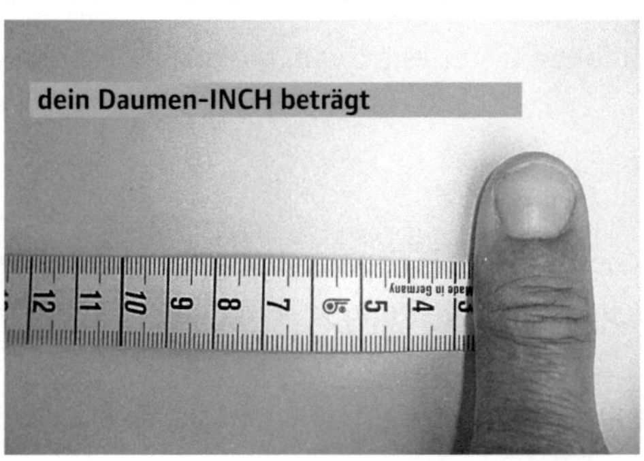

b ein INCH = $\frac{1}{12}$ deiner Fußlänge

4 Wie lang ist ein INCH offiziell? ______________________________

Wie lautet die deutsche Bezeichnung für INCH? ______________________________

5 Vergleiche das offizielle INCH mit deinen persönlichen Werten.

____

Gib die eventuellen Abweichungen **a** in Millimeter und **b** in Prozent an.

a ______________________________

b ______________________________

Ein „mathematischer" Spaziergang

	Exkursion (Schülerexperimente an Stationen)
Themen	Erkunden und Modellieren unserer Umgebung mit den Mitteln der Mathematik 1 Wie viel passt in einen Rucksack? (Volumen bestimmen) 2 Wie lang ist der Weg? (Weglängen per PC mit *Google Maps* vermessen) 3 Wie hoch sind ...? (Winkel messen, Weglängen mit *Google Maps* vermessen und durch Dreieckskonstruktionen bestimmen) 4 Welche Schuhgröße hat der Riese? (Größen ins Verhältnis setzen) 5 Wegweiser – Wie weit und wie lange noch? (Weg, Zeit und Geschwindigkeit) 6 Sind das Figuren am Himmel? (Eigenschaften von Figuren) 7 Die Wegsperre – Wie schwer ist der Baumstamm? (Messungen und Berechnungen am Kreiszylinder) 8 Gibt es in der Natur und Technik Symmetrien? (Punkt- und Achsensymmetrie) 9 Rohrbruch! Wo befindet sich das Absperrventil? (Längenangaben auswerten, zuordnen und verifizieren) 10 Die *„Tausendjährige Eiche"*. Kann das stimmen? (Mit dem Kreisumfang das ungefähre Alter eines Baumes bestimmen)
Materialien pro Gruppe	Grundausstattung pro Rucksack: Schreibzeug, Schreibblock, Lineal, Bleistift, Geodreieck, Schnur, Fotoapparat oder Smartphone, Taschenrechner. Ansonsten finden Sie die erforderlichen Materialien auf den entsprechenden Kopiervorlagen.
Hinweise	Entsprechend den konkreten Bedingungen sind die üblichen Belehrungen für das Verhalten im Straßenverkehr, in öffentlichen Verkehrsmitteln usw. erforderlich. Denken Sie auch an passende Bekleidung und Schuhwerk.

WORUM GEHT ES – WAS WIRD DEUTLICH?

„Wer zur Quelle gehen kann, gehe nicht zum Wassertopf." (LEONARDO DA VINCI). Wir begeben uns unmittelbar in unsere Umgebung, um Phänomene aus Natur und Technik mit mathematischen Mitteln zu erkunden, zu vermessen, zu beschreiben und vorherzusagen. Dazu finden Sie im Folgenden einige Vorschläge zur Auswahl und Anregung. Bei der Auswahl geeigneter Stationen bietet es sich an, regionale Besonderheiten einzubeziehen.

WAS IST ZU TUN?

Für den organisatorischen Ablauf bietet sich ein Exkursionstag und als Organisationsform die Partner- und Gruppenarbeit an. Für aufwändige und mit erhöhten Sicherheitsvorkehrungen verbundene Experimente wählen Sie Demonstrationen mit verteilten Aufgaben.

VORBEREITUNG: Dazu finden Sie auf den KVs für die Stationen komplette Eingangsbeispiele, die Sie in der Schule oder unmittelbar vor Ort bearbeiten lassen.

DURCHFÜHRUNG und **MATERIAL:** Hier erhalten die Schüler konkrete Arbeitsanweisungen zum Suchen, Beobachten, Messen und Protokollieren ähnlich geeigneter Objekte. Für das Festhalten der Beobachtungen bieten sich digitale Fotoapparate oder Smartphones an. Die Bilder können die Schüler für die Auswertung nachträglich ausdrucken und aufkleben oder in eine digitale Präsentation einbinden. Das Zeichnen und Skizzieren der Objekte sollte aber stets auf den KVs erfolgen. Eine Materialliste komplettiert die erforderlichen Informationen.

AUSWERTUNG: Mit den Messwerten und eventuell weiteren erforderlichen Werten führen die Schüler die Berechnungen durch und formulieren die Ergebnisse. Die Verfügbarkeit eines Smartphones pro Gruppe wäre wünschenswert, aber die Schüler können auch alle erforderlichen Angaben innerhalb der Vor- und Nachbereitung am PC recherchieren.

Name:		„Mathematischer" Spaziergang (1)
Klasse:	Datum:	

KV 4

Wie viel passt in einen Rucksack?

VORBEREITUNG

› Was gibt das Volumen an?

____

› Welches Formelzeichen und welche Einheiten werden für Volumenangaben benutzt?

____

› Wie könnte man das Volumen (Inhalt) eines Rucksacks bestimmen?

____

____

____

› Schätze, wie viele Liter Wasser in den Rucksack passen. ______________

DURCHFÜHRUNG

› Fülle den Rucksack mit einem stabilen Müllbeutel aus.

› Gieße mit einem Messbecher vorsichtig Wasser in den Müllbeutel.

› Zähle die Anzahl der Liter: ______________

› Entleere den Müllbeutel vorsichtig. *TIPP:* Das Wasser kannst du zum Gießen von Pflanzen auf dem Schulhof nutzen.

MATERIAL

1 × Rucksack

1 × Müllbeutel (groß, stabil)

1 × Messbecher (ein Liter)

Wasser

AUSWERTUNG

› Gib das Fassungsvermögen des Rucksacks in Litern (l), in Kubikdezimetern (dm^3), in Kubikzentimetern (cm^3) und in Kubikmetern (m^3) an.

______________ l = ______________ dm^3 = ______________ cm^3 = ______________ m^3

› Gib zwei Möglichkeiten für die Seitenlängen eines Quaders mit gleichem Volumen an.

1 a = ________; b = ________; c = ________

2 a = ________; b = ________; c = ________

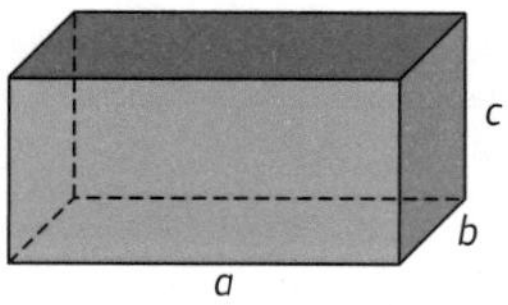

› Wie groß ist die Kantenlänge eines Würfels mit gleichem Volumen?

____

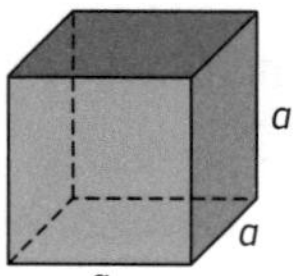

› Wie schwer ist der mit Wasser gefüllte Rucksack? *TIPP:* 1 dm^3 → 1 kg

____

Name:

Klasse: Datum:

„Mathematischer" Spaziergang (2)

KV 5

Wie lang ist der Weg?

VORBEREITUNG

› Bestimme die Länge des Wanderweges um den Löcknitzer See.
  › Gib das Suchwort *Löcknitzer See* bei *Google Maps* ein.
  › Klicke mit der rechten Maustaste auf die Karte.
  › Klicke mit der linken Maustaste *Entfernung messen* an.
  › Setze mit der linken Maustaste Markierungspunkte.
  › Lies am letzten Markierungspunkt die Länge des markierten Weges ab.
  › Schreibe die Entfernung in das Kästchen im Bild.

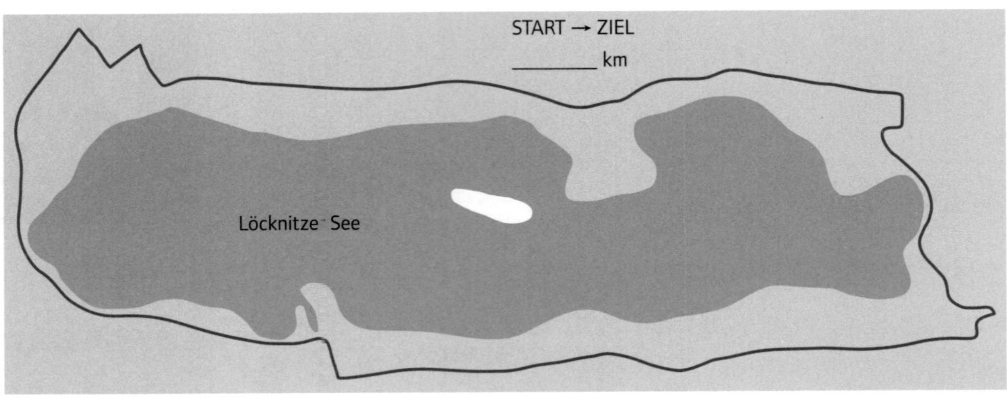

› Zum Üben: Bestimme mit *Google Maps* die Länge des Weges …

a … um den Großen *Müggelsee* in Berlin: ______________________________

b … um den Berliner *Orankesee* ______________________________

c … der *Elbe* von Bad Schandau bis Magdeburg: ______________________________

DURCHFÜHRUNG

› Beschreibe den Wegverlauf eurer Exkursion in Stichpunkten.

____

____

____

› Suche mit *Google Maps* den Weg.
› Skizziere den Wegverlauf.

AUSWERTUNG

› Bestimme die Länge des Weges eurer Exkursion mit *Google Maps*.

____

MATERIAL

1 × Smartphone oder Computer (*Google Maps*)
1 × Bleistift, Geodreieck, Lineal

Name:	„Mathematischer“ Spaziergang (3)
Klasse: Datum:	

KV 6

Wie hoch sind der Turm, das Haus, der Baum …?

VORBEREITUNG

- Der Turm wird mit einem Klinometer angepeilt und der Steigungswinkel abgelesen.
- Der Abstand zum Turm wird mit *Google Maps* ermittelt.
- Konstruiere die Turmhöhe mit einem rechtwinkligem Dreieck. Wähle als Maßstab 100 m → 1 cm.

Zeichnung:

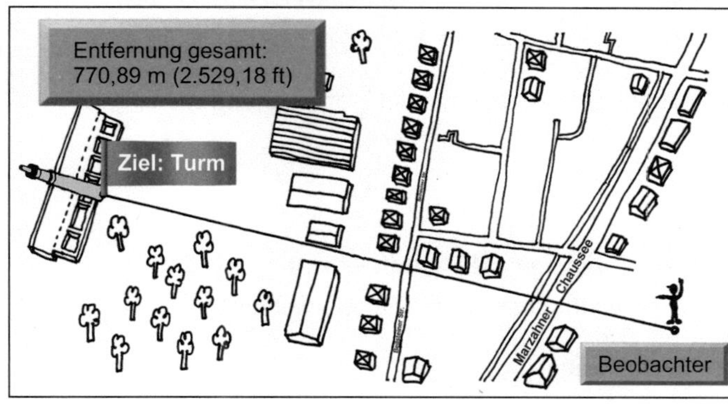

- Bestimme aus der Zeichnung die Turmhöhe (der Beobachter hält das Klinometer in 1,60 m Höhe).

Antwortsatz: ____________________

DURCHFÜHRUNG

- Wähle ein hohes Objekt (Baum, Turm, Schornstein …) aus.

  ____

- Bestimme den Steigungswinkel α: ____________________
- Bestimme den Abstand vom Objekt bis zu deinem Standpunkt.
  - **a** Bei kleinen Abständen mit einem Bandmaß.
  - **b** Bei sehr großen Abständen mit *Google Maps*.

  ____

MATERIAL

1 × Lineal, Bleistift, Geodreieck
1 × Klinometer (Winkelmessgerät)
1 × Bandmaß
1 × Smartphone *(Google Maps)*

AUSWERTUNG

- Konstruiere die Höhe des Objektes. Zeichne dazu ein rechtwinkliges Dreieck in einem geeigneten Maßstab.
- Bestimme aus der Zeichnung die Höhe des Objektes.

  ____

- Recherchiere, wenn möglich, die Höhe des Objektes und vergleiche den Wert mit deinem Ergebnis.

  ____

Welche Schuhgröße hat der Riese?

VORBEREITUNG

Es war einmal ein gefürchteter Riese. Er trieb sein Unwesen in den undurchdringlichen Wäldern des Vogtlandes. Eines Tages stolperte er über einen Baum und sein rechter Pantoffel blieb im Boden stecken. Ein Wanderer stellt zum Vergleich seinen Schuh auf den mittlerweile versteinerten Pantoffel.

› Welche Schuhgröße hat der Wanderer und wie lang ist sein Schuh?

____

› Vervollständige das Pantoffeletikett.
TIPP: Im Internet findest du „Umrechner".

Rechenwege: ____________________

Riesenschuhe			
US	UK	EUR	cm
Made in Germany (Vogtland)			

› Wie groß könnte der Riese mit dieser Schuhgröße gewesen sein? __________

DURCHFÜHRUNG

› Hier ist Fantasie gefragt. Suche zwei passende Objekte aus, um sie zueinander ins Verhältnis zu setzen (z. B. Zweig und Baumstamm; Kieselstein und Findling …).

____

› Miss beide Objekte (z. B. die Längen, Breiten oder Höhen).

Objekt 1: __________

Objekt 2: __________

AUSWERTUNG

› Setze die Längen, Breiten oder Höhen der beiden Objekte ins Verhältnis. Gib das Ergebnis als einen gemeinen Bruch und als Dezimalzahl an.

____

› **Für Profis:** Gib das Verhältnis als Maßstab an. __________

MATERIAL

1 × Lineal, Bandmaß oder Zollstock
1 × Lineal oder Geodreieck
1 × Taschenrechner oder Smartphone

Name:	„Mathematischer“ Spaziergang (5)
Klasse: Datum:	

KV 8

Wegweiser – Wie weit und wie lange noch?

VORBEREITUNG

- Berechne die benötigten Zeiten, um wandernd, joggend oder Rad fahrend die Ziele zu erreichen. *TIPP:* Zeit = Weg : Geschwindigkeit

	Rund um den See	bis nach Mitte	bis zum Bhf. Lichtenberg
Wanderer (5 km/h)	4,5 km : 5 km/h = 0,9 h		
Jogger (9 km/h)			
Radfahrer (18 km/h)			

- Wie könntest du prüfen, ob die Angaben auf den Schildern stimmen?

____

DURCHFÜHRUNG

- Wähle ein Schild mit einer relativ kleinen Entfernungsangabe aus.
  TIPP: Die Entfernung sollte maximal 2 km betragen.
- Skizziere das Schild.

- Überprüfe experimentell, ob die Entfernungsangabe auf dem Schild stimmt. Beschreibe, mit welcher Methode du die Entfernung messen wirst?

____

____

____

- Miss die benötigte Zeit und den zurückgelegten Weg bis zum Ziel.

Zeit = __________ min = __________ h

Weg = __________ m = __________ km

MATERIAL

1 × Fotoapparat oder Smartphone
1 × Bleistift, Lineal und Geodreieck
1 × Taschenrechner oder Smartphone
1 × Stoppuhr oder Smartphone
Auswahl zum Messen der Entfernung:
1 × Smartphone (z. B. *runtastic-App* oder *Google Maps*)
1 × Bandmaß

AUSWERTUNG

- Vergleiche die Entfernungsangabe auf dem Schild mit deinem gemessenen Wert.

____

- Welche Ursachen könnten Abweichungen von der Angabe auf dem Schild haben?

____

____

- Berechne deine durchschnittliche Geschwindigkeit.
  TIPP: Geschwindigkeit = Weg : Zeit

____

Name:		„Mathematischer" Spaziergang (6)
Klasse:	Datum:	

KV 9

Sind das Figuren am Himmel?

VORBEREITUNG

Flugzeuge hinterlassen am Himmel Kondensstreifen, die manchmal eine Figur bilden.

› Sind die folgenden Aussagen wahr oder falsch? Begründe deine Entscheidungen. Arbeite in deinem Heft.

Das ist ein Parallelogramm.
Das ist keine Figur.
Das sind gar keine richtigen Linien.
Das könnte als Modell für ein Trapez durchgehen.
Die gegenüberliegenden Winkel scheinen fast gleich groß zu sein.
Obwohl es keine Figur ist, sieht es doch so aus.

Das sieht aus wie ein Viereck.
Die Figur hat 4 Ecken.
Das ist ein Quader.
Die Seiten schneiden sich wahrscheinlich gar nicht.
Die gegenüberliegenden Seiten sind parallel zueinander.
Würden sich die Streifen schneiden, wäre es gefährlich geworden.

DURCHFÜHRUNG

› Mit etwas Glück findest du an einem wolkenlosen Tag eine Figur am Himmel, aus Kondensstreifen gemacht.

› Fotografiere oder skizziere die Figur.

MATERIAL

1 × Fotoapparat oder Smartphone
1 × Drucker
1 × Bleistift

AUSWERTUNG

› Schreibe zu deinem Foto bzw. zu deiner Zeichnung fünf kurze und passende Aussagen.

1 ______

2 ______

3 ______

4 ______

5 ______

Die Wegsperre – Wie schwer ist der Baumstamm?

VORBEREITUNG

Den Baumstamm kann man nicht anheben und auf eine Waage legen. Könnte man trotzdem herausbekommen, wie schwer er ist? Wir betrachten den Baumstamm vereinfacht als einen geraden Kreiszylinder. Die Dichte von Holz ermitteln wir aus einem Tafelwerk.

› Vermute, wie viel der Baumstamm wiegt.

____________ g = ____________ kg = ____________ t

› Recherchiere die Dichte für trockene Eiche.

ρ = ____________ g/cm³

› Berechne das Volumen des Baumstamms.

____

› Berechne die Masse des Baumstamms.

____

› Wie viele Personen wären mindestens erforderlich, um den Baumstamm anzuheben?
Eine Person soll maximal 60 kg anheben.

____

DURCHFÜHRUNG

› Wähle ein Objekt (Kreiszylinder) aus.

____

› Fertige eine Skizze an.
› Vermute, wie schwer das Objekt ist.

____

› Miss den Durchmesser und die Länge (bzw. die Höhe) des Objektes.

d = ____________ ; $l = h$ = ____________

MATERIAL

1 × Bandmaß oder Zollstock
1 × Taschenrechner oder Smartphone
1 × Tafelwerk

AUSWERTUNG

› Berechne das Volumen des Objektes: $V = \pi \cdot r^2 \cdot h$ = ______________________

› Berechne die Masse des Objektes: $m = \rho \cdot V$ = ______________________

› Mit wie vielen Personen könnte man das Objekt anheben? ______________________

Name:

Klasse: Datum:

„Mathematischer“ Spaziergang (8)

KV 11

Gibt es in der Natur und Technik Symmetrien?

VORBEREITUNG

› Was bedeutet *Punktsymmetrie?*

____

____

› Was bedeutet *Achsensymmetrie?*

____

____

› Welches Objekt ist (annähernd) punkt- und/oder achsensymmetrisch?

__________ __________ __________ __________

__________ __________ __________ __________

› Zeichne den Symmetriepunkt und/oder die Symmetrieachsen in die Bilder ein.

DURCHFÜHRUNG

› Suche aus der Natur und Technik zwei *achsensymmetrische Objekte* aus und skizziere sie.

› Suche aus der Natur und Technik zwei *punktsymmetrische Objekte* aus und skizziere sie.

MATERIAL

1 × Bleistift
1 × Lineal
1 × Smartphone

AUSWERTUNG

› Zeichne in deine Skizzen den Symmetriepunkt und/oder die Symmetrieachsen ein.

› Warum sind Flächen aus der Natur und Technik stets nur annähernd symmetrisch?

____

____

____

Rohrbruch! Wo befindet sich das Absperrventil?

VORBEREITUNG

Dieses kleine Schild im linken Bild ist an einer Hauswand befestigt und weist auf die Lage des Absperrventils für die Wasserleitung hin. Mit diesem Ventil (oder Schieber) lässt sich die Wasserzufuhr für den Hausanschluss regulieren und kontrollieren. Das Ventil soll 160 cm vom Schild aus nach rechts gemessen und 6,2 Meter vor dem Schild sein. Tatsächlich befindet sich an der angegebenen Stelle der Zugang zum Ventil.

› Recherchiere, was die Angaben auf den Wasserschildern bedeuten.

DURCHFÜHRUNG

› Suche ein „Wasserschild" und skizziere es.
› Miss die Lage der angegebenen Stelle genau aus.
› Überprüfe, ob sich an der angegebenen Stelle der Zugang zu einer Absperrvorrichtung befindet.

MATERIAL

1 × Smartphone oder PC für die Internetrecherche
1 × Bleistift, Lineal, Geodreieck
1 × Zollstock oder Bandmaß

AUSWERTUNG

› Ergänze die folgenden Informationen, die du den Angaben auf dem Schild entnehmen kannst.

1 Farbe und Größe des Schildes: ____

2 Innendurchmesser der Leitung: ____

3 Lage des Absperrvorrichtung: ____

› Vergleiche die Angaben zur Lage der Absperrvorrichtung mit deinen gemessenen Werten.

Name:		„Mathematischer" Spaziergang (10)
Klasse:	Datum:	

KV 13

Die „Tausendjährige Eiche". Kann das stimmen?

VORBEREITUNG

Diese Eiche ist eine Sehenswürdigkeit und soll über 1 000 Jahre alt sein. Eichen können in Einzelfällen durchaus über 1 000 Jahre alt werden. Für die genaue Altersbestimmung kommen die C14 Methode (zu kompliziert und zu teuer) und das Zählen der Jahresringe (dann müsste der Baum gefällt werden) in Betracht. Eine ganz einfache Methode funktioniert so: Der Umfang (u in cm) der Eiche wird in einer Höhe von einem Meter gemessen und mit 0,8 multipliziert. Diese so genannte Faktorenmethode ergibt nicht das exakte Alter, aber einen brauchbaren Richtwert.

› Markiere die drei richtigen Gleichungen für die Berechnung des ungefähren Alters einer Eiche ($y = t$) in Jahren.

$y = 0{,}8 \cdot x$ (x in cm)	$y = 0{,}8 + x$ (x in cm)	$t = 80 \cdot u$ (u in m)
$t = 800 \cdot u$ (u in m)	$t = 0{,}8 \cdot u$ (u in cm)	$y = x - 0{,}8$ (x in cm)

› Berechne das ungefähre Alter der „Tausendjährigen Eiche".
Der Umfang wurde in einer Höhe von einem Meter mit 7,25 Metern gemessen.

____

DURCHFÜHRUNG

› Wähle einen Baum für die Altersbestimmung aus.
› Um welche Baumart handelt es sich?

____

› Skizziere die Form eines Blattes.
› Vermute, wie alt der Baum ist.

____

› Miss den Umfang des Baumes in einer Höhe von einem Meter.

u = ______________________________

AUSWERTUNG

› Berechne das ungefähre Alter des Baumes mit der Faktorenmethode. *HINWEIS:* Für Eichen ist der Faktor 0,8. Die Faktoren für andere Baumarten kannst du im Internet recherchieren.

____

› Vergleiche deine Vermutung mit dem berechneten Alter.

____

MATERIAL

1 × Bandmaß
1 × Bleistift
1 × Taschenrechner
1 × PC oder Smartphone
Für Profis: PC (z. B. http://baumsicht.de/alter) oder Smartphone-App zum Bestimmen des Baumalters

Die Frühstücksprofis – bon appètit

	Projekt in Gruppenarbeit
Thema	Kassenbons aus unterschiedlichen Bereichen analysieren und ergänzen. Ein gesundes Frühstück planen, die Zutaten einkaufen, zubereiten und präsentieren.
Materialien pro Gruppe	Kassenbons aus unterschiedlichen Bereichen, Taschenrechner, ca. 10 € (pro Schüler ca. 2 €), Küchengeräte (Messer, Teller, … z. B. aus der Schulküche)

WORUM GEHT ES – WAS WIRD DEUTLICH?

Der **Kassenbon** *(Bon, frz. Gutschein)* stellt eine schriftliche Bescheinigung (aber meistens keine Quittung) eines Einkaufs oder einer Dienstleistung dar. Das „Lesen" und Verstehen eines Kassenbons stellt eine grundlegende mathematisch geprägte Kompetenz des täglichen Lebens dar. Neben den **vier Grundrechenarten** kommt hier die **Prozentrechnung** zum Einsatz. Auf einem Kassenzettel finden sich u. a. folgende Angaben:

Einzelpreise und Gesamtpreise (BRUTTO) in €	Mehrwertsteuersatz in % und Mehrwertsteuer in €
Gesamtpreise NETTO ohne MWSt in €	Gegebener Geldbetrag und erhaltenes Rückgeld in €

WAS IST ZU TUN?

Als problemorientierten Einstieg diskutieren die Schüler den vorgegeben Kassenbon (MATERIAL) und formulieren grundlegende Aussagen zu wichtigen Informationen, die ein Bon beinhaltet. Anschließend analysieren (KV 14) und ergänzen (KV 15) die Schüler in Partnerarbeit weitere Bons. Nach diesen „Vorarbeiten" folgt ein gemeinsames Frühstück in Gruppenarbeit (ca. 5 Schüler pro Gruppe). Nachdem die Gruppen gebildet wurden, bestimmen die Schüler den Finanzchef und den Gruppenchef. Der Schatzmeister sammelt pro Person 2 € ein. Das ergibt ein Gruppenbudget von 10 €. Der Gruppenchef koordiniert die Aufgabenverteilung innerhalb der Gruppe. Die wichtigsten Informationen finden die Gruppen auf dem Arbeitsblatt (KV 16). Besonders wichtig für dieses Projekt sind neben den üblichen Belehrungen die Hinweise auf das Verhalten beim Einkaufen und auf dem Hin- und Rückweg. Eventuell ist eine Mitteilung an die Eltern im Vorfeld angebracht. Für den Einkauf empfiehlt es sich, nur einen Supermarkt in unmittelbarer Nähe für die Einkäufe vorzugeben. GUTEN APPETIT!

WIE KANN DIFFERENZIERT WERDEN?

› **ZUSATZ:** Die Schüler analysieren selbst mitgebrachte Bons nach den Mustern (KV 14 und KV 15).

MATERIAL DER KASSENBON

› Bianca hat sich eine schöne Jacke gekauft. Begründe, ob die folgenden Aussagen zum Kassenbon wahr oder falsch sind. Berichtige die falschen Aussagen. Arbeite in deinem Heft.

- *Bianca hat 34,95 € bezahlt.*
- *Bianca hat 29,95 € bezahlt.*
- *Bianca hat 5,58 € bezahlt.*
- *Bianca hat 0 € bezahlt.*
- *Bianca hat 24,95 € bezahlt.*
- *Der Nettobetrag ist der Betrag, den sie bezahlen muss.*

Datum: 20/06/2015 Uhrzeit: 15:41

a Jacke
8000117910003400 = 39.95 €
Gesamt 39.95 €
a 5 € = -5.00 €

Gesamt 34.95 €

Geschenkkarte : 10.00 €
Nr. 5952501286860
Geschenkkarte : 24.95 €
Nr. 5952501282588

MWSt. Satz	Nettobetrag	MWSt.
19 %	29.37 €	5.58 €

- *MwSt. bedeutet Mehrwertsteuer.*
- *34,95 € ist der BRUTTO-Preis.*
- *Der Mehrwertsteuersatz beträgt 7 %.*
- *Der Verkäufer erhält 10,00 € als Provision.*
- *19 % von 34,95 sind 29,37 €.*
- *NETTO minus BRUTTO ist gleich MwSt.*

Name:		Kassenbon
Klasse:	Datum:	

KV 14

Erkunde diesen Kassenbon

Erkläre kurz.

Bruttopreis: ______________________________

Nettopreis: ______________________________

Deine Top 3: Notiere die drei wichtigsten Angaben auf einem Kassenzettel.

(Platz 3) ______________________________

____

(Platz 2) ______________________________

____

(Platz 1) ______________________________

____

Deine Top 3: Welche dieser Lebensmittel sind am gesündesten?

(Platz 3) ______________________________

(Platz 2) ______________________________

(Platz 1) ______________________________

Was bedeutet Mehrwertsteuer (MwSt.)?

____

Wie groß ist die deutsche MwSt. für Lebensmittel?

____

Wie viel MwSt. muss man für diesen Einkauf bezahlen?

____

Berechne den Netto- und Bruttopreis des Einkaufs, wenn die MwSt. um zwei Prozent erhöht wird.

____

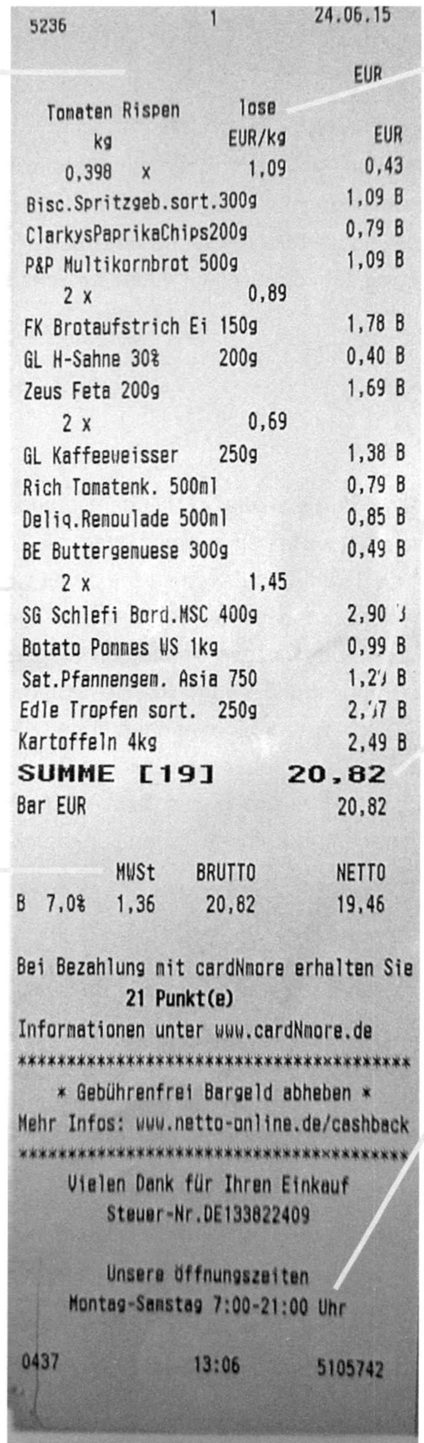

5236	1		24.06.15
			EUR
Tomaten Rispen	lose		
kg	EUR/kg		EUR
0,398 x	1,09		0,43
Bisc.Spritzgeb.sort.300g			1,09 B
ClarkysPaprikaChips200g			0,79 B
P&P Multikornbrot 500g			1,09 B
2 x	0,89		
FK Brotaufstrich Ei 150g			1,78 B
GL H-Sahne 30% 200g			0,40 B
Zeus Feta 200g			1,69 B
2 x	0,69		
GL Kaffeeweisser 250g			1,38 B
Rich Tomatenk. 500ml			0,79 B
Deliq.Remoulade 500ml			0,85 B
BE Buttergemuese 300g			0,49 B
2 x	1,45		
SG Schlefi Bord.MSC 400g			2,90 [illegible]
Botato Pommes WS 1kg			0,99 B
Sat.Pfannengem. Asia 750			1,2[illegible] B
Edle Tropfen sort. 250g			2,[illegible]7 B
Kartoffeln 4kg			2,49 B
SUMME [19]			**20,82**
Bar EUR			20,82
	MWSt	BRUTTO	NETTO
B 7,0%	1,36	20,82	19,46

Bei Bezahlung mit cardNmore erhalten Sie
21 Punkt(e)
Informationen unter www.cardNmore.de
****
* Gebührenfrei Bargeld abheben *
Mehr Infos: www.netto-online.de/cashback
****
Vielen Dank für Ihren Einkauf
Steuer-Nr.DE133822409

Unsere Öffnungszeiten
Montag-Samstag 7:00-21:00 Uhr

0437 13:06 5105742

Welche Menge Tomaten erhält man für 3,27 €?
Wie viel kosten 760 g Tomaten?

____

____

Wie viel kostet eine Kartoffel (160 g)?
Wie viele Pfund kosten 4,98 €?

____

____

Wie viel muss man für den Einkauf bezahlen?
Wie viel Rückgeld erhält man, wenn man mit einem 50-€-Schein bezahlt hat?

____

____

Wie lange hat das Geschäft geöffnet?

Stunden pro Tag: ______________________________

Minuten pro Tag: ______________________________

Sekunden pro Tag: ______________________________

Stunden pro Woche: ______________________________

Minuten pro Woche: ______________________________

Name:		Kassenbon
Klasse:	Datum:	

KV 15

Unvollständige Kassenbons

› Bearbeite die Fragen und Aufgaben für die Kassenbons. Denke bei den Berechnungen an den Rechenweg (die Formel aufschreiben, die Werte einsetzen und das Ergebnis aufschreiben).

a An der Tankstelle – bitte voll tanken!

Wie viel kostet ein Liter Benzin? ______

Berechne, wie viele Liter getankt wurden. ______

Rechne den Preis in Cent um. ______

Wie viel kosten 25,5 Liter Benzin? ______

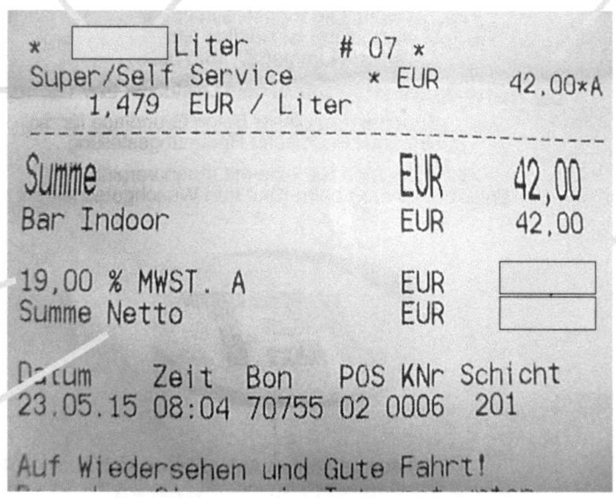

* [ ] Liter # 07 *
Super/Self Service * EUR 42,00*A
1,479 EUR / Liter

Summe EUR 42,00
Bar Indoor EUR 42,00

19,00 % MWST. A EUR [ ]
Summe Netto EUR [ ]

Datum Zeit Bon POS KNr Schicht
23.05.15 08:04 70755 02 0006 201

Auf Wiedersehen und Gute Fahrt!

Berechne die MwST. (Mehrwertsteuer) in €. ______

Wie groß ist der deutsche MwSt.-satz? ______

Berechne die Netto-Summe in €. ______

Wie viel müsste man in Spanien für die MwSt. bezahlen? Der MwSt.-satz beträgt in Spanien 21 %. ______

Wie groß ist der Bruttopreis? ______

b Im Restaurant – eine Bestellung bitte!

Wie groß ist der deutsche MwSt.-Satz für Lebensmittel und Speisen? ______

23.06.2015 Rechnung 18:15

#x	Artikel	Preis	Betrag
1x	17 Amritsari Salat	4,50	4,50
1x	39 Chicken Curry	7,90	7,90
1x	41 Chicken Sabji	8,90	8,90
2x	118 Bhathura	1,90	3,80
1x	42 Chicken Makhni	9,90	9,90

inkl. 7% MwSt ...Eu [ ]

Betrag....Eu [ ]

Berechne den Nettopreis. ______

Berechne die Mehrwertsteuer. ______

Berechne den Bruttopreis. ______

Berechne den Netto- und den Bruttopreis für die folgende Bestellung:
5 × Salat; 3 × Chicken Makhni; 4 × Chicken Curry und 5 × Bhathura (frittiertes Fladenbrot).

______

______

Name:

Klasse: Datum:

Das gesunde Frühstück

KV 16

Die Frühstücksprofis – *bon appètit*

VORBEREITUNG

› Das sind die Vorgaben für das **gesunde** Frühstück:

Gruppenmitglieder: ____________________

Finanzbudget: __________ Zeitumfang: __________ Supermarkt: ____________________

› Erstellt eine Kalkulation für euer Frühstück. Die Preise bitte schätzen.

Was?	Wie viel?	Wie teuer?

Was?	Wie viel?	Wie teuer?

DURCHFÜHRUNG DEN KASSENBON NICHT VERGESSEN!

› Erledigt den Einkauf. Denkt an die Belehrungen und an den Kassenbon!

› Richtet das Frühstück an. Denkt an die Hygiene-Vorschriften.

› Übt die Präsentation eures Frühstücks ein.

› Jede Gruppe präsentiert ihr Frühstücksangebot.

› Welchen Platz habt ihr erreicht? __________

› Und jetzt: **bon appètit!**

AUSWERTUNG

› Klebt den Kassenbon auf und formuliert fünf Aussagen über die Angaben auf dem Bon.

HIER ODER AUF DER BLATTRÜCKSEITE DEN BON AUFKLEBEN!

1 ____________________

2 ____________________

3 ____________________

4 ____________________

5 ____________________

Gewicht und Körpergröße im Einklang?

	Schülerexperiment
Thema	Bestimmen und Auswerten des persönlichen Body-Mass-Indexes mit einem Tabellenkalkulationsprogramm; Ziehen von Schlussfolgerungen für die persönliche Lebensweise
Materialien	eine Personenwaage, ein Maßband oder ein Zollstock, pro Gruppe ein PC mit einem Tabellenkalkulationsprogramm (z. B. MS-Excel oder Openoffice Calc)

WORUM GEHT ES – WAS WIRD DEUTLICH?

Der Body-Mass-Index (BMI) ist ein grober Richtwert, der das Körpergewicht (die Masse) eines Menschen in Beziehung zu seiner Körpergröße setzt. Der BMI wurde 1832 von Adolphe Quetelet entwickelt, um eine vereinfachte verbale Aussage (Untergewicht, Normalgewicht, Übergewicht) zur Bewertung des Körpergewichts treffen zu können.

$$\text{BMI} = \frac{\text{Körpergewicht in kg}}{(\text{Körpergröße in m})^2}$$

WAS IST ZU TUN?

Zuerst recherchieren die Schüler die Bedeutung und die Bestimmung des BMI (KV 17). Dann „programmieren“ sie in Partnerarbeit die Berechnung mit einer Tabellenkalkulation und erproben die Berechnung z. B. mit Schätzwerten. Für das Messen des Körpergewichtes stellen Sie eine Personenwaage und für die Bestimmung der Körpergröße z. B. einen Zollstock bereit. Die Schüler geben die Messwerte in die Kalkulation ein und der Computer berechnet automatisch den BMI. Anschließend sollten die Schüler unbedingt ihren BMI kritisch bewerten und persönliche Schlussfolgerungen ziehen.

WIE KANN DIFFERENZIERT WERDEN?

- **NIVEAU 1:** Die Schüler erhalten als Hilfe eine Vorlage für die Tabellenkalkulation *(TIPP)*.
- **NIVEAU 2:** Die Kalkulation wird mit einer automatischen verbalen Bewertung des Zahlenwertes und möglichen Konsequenzen und Verhaltensweisen komplettiert.
- **ZUSATZ:** Die Werte aller Schüler der Lerngruppe können statistisch durch Gruppenbildung mit einem Säulendiagramm oder mit einem Boxplot ausgewertet werden.

TIPP TABELLENKALKULATION FÜR DIE BERECHNUNG DES BODY-MASS-INDEXES (BMI)

- Damit die Tabellenkalkulation (z. B. *MS-Excel*) den BMI automatisch für die eingegebenen Zahlen (hier in den Zellen B5 und B7) berechnen kann, musst du die Formel (hier in der Zelle B9) richtig eingeben:

$$\text{BMI} = \frac{\text{Körpergewicht in kg}}{(\text{Körpergröße in m})^2}$$

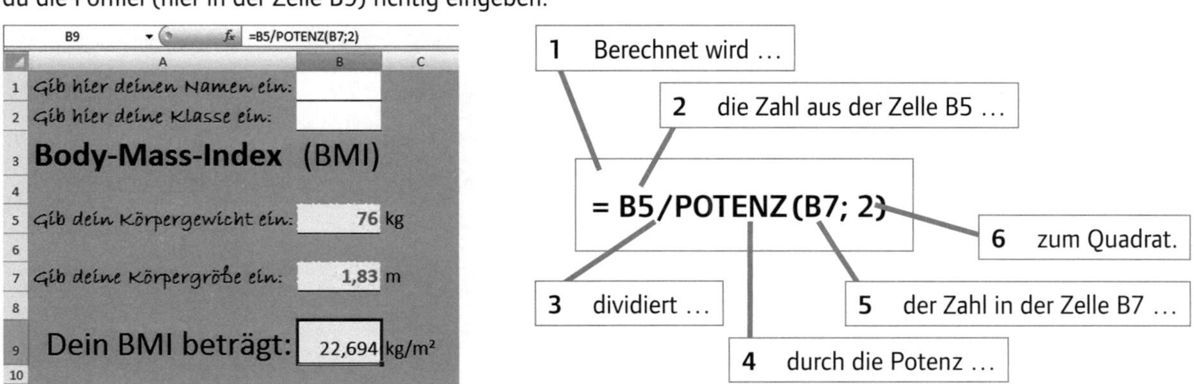

Bestimme deinen Body-Mass-Index (BMI)

VORBEREITUNG

› Wozu dient die Angabe des *Body-Mass-Indexes* (BMI)?

› Welche Größen muss man messen, um den BMI zu berechnen?

› Wie lautet die Formel zur Berechnung des BMI?

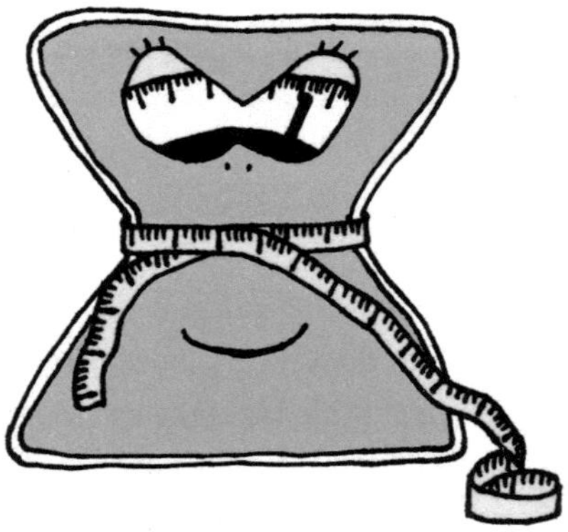

DURCHFÜHRUNG

› Erstelle mit einem Tabellenkalkulationsprogramm *(TIPP)* eine automatische Berechnung für den *Body-Mass-Index* (BMI).

› Teste, ob nach der Eingabe des Körpergewichtes (in Kilogramm) und der Körpergröße (in Metern) der BMI korrekt berechnet wird.

› Miss deine Körpergröße (in Metern) ______

› Miss dein Körpergewicht (in Kilogramm): ______

› Gib deine Werte ein. Wie groß ist dein BMI? ______

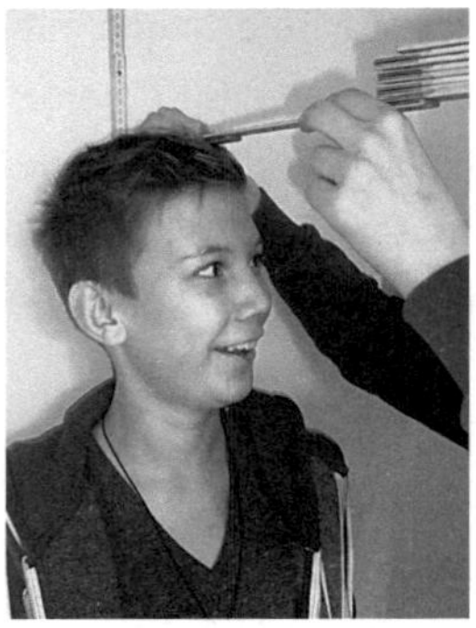

AUSWERTUNG

› In welche Kategorie fällt dein BMI?

› Schätze deinen BMI kritisch ein.

› Nenne drei Vorschläge, was du hinsichtlich deiner Lebensweise (Bewegung, Ernährung …) konkret verändern möchtest.

1 ______

2 ______

3 ______

BMI (in kg/m^2)	Kategorie
< 16,0	Starkes Untergewicht
16,0 bis < 17,0	Mäßiges Untergewicht
17,5 bis < 18,5	Leichtes Untergewicht
18,5 bis < 25,0	Normalgewicht
25,0 bis < 30,0	Leichtes Übergewicht
30,0 bis < 35,0	Mäßiges Übergewicht
Ab 35,0	Starkes Übergewicht

Fahren mit konstanter Geschwindigkeit

	Schülerexperiment oder Demonstration
Thema	Proportionale Zuordnungen: der Weg und die Zeit bei gleichförmigen Bewegungen
Materialien pro Gruppe	ein Fahrzeug (das sich mit eigenem Antrieb gleichförmig bewegen kann; z. B. Solarautos, diverses Spielzeug), ein Zollstock, eine Stoppuhr oder ein Smartphone

WORUM GEHT ES – WAS WIRD DEUTLICH?

Ändern sich zwei Größen in demselben Verhältnis, dann sind sie proportional. Legt ein Körper in gleichen Zeiten *t* stets auch gleiche Wege s zurück, dann verhalten sich der zurückgelegte Weg und die dafür benötigte Zeit proportional zueinander. Die Bewegungen heißen gleichförmige Bewegungen. Für zwei proportionale Größen gilt *Quotientengleichheit.* Dividiert man jeweils den zurückgelegten Weg durch die dafür benötigte Zeit, erhält man stets den gleichen Wert, den so genannten **Proportionalitätsfaktor *k*.** Bei gleichförmigen Bewegungen ist der Proportionalitätsfaktor *k* die **Geschwindigkeit *v*.** Proportionale Zuordnungen zweier Größen erkennt man also an der Quotientengleichheit und an dem geraden Verlauf des Graphen im Koordinatensystem (Weg-Zeit-Diagramm) durch den Koordinatenursprung. Je steiler die Gerade verläuft, desto größer ist die Geschwindigkeit.

WAS IST ZU TUN?

Den Schülern sollte klar sein, dass gleichförmige Bewegungen vorliegen, wenn sich ein Körper (Fahrzeug) mit konstanter Geschwindigkeit bewegt. Das gilt auch, wenn die Geschwindigkeit annähernd gleich bleibt. Zur Festigung können Sie den Vorbereitungsteil (KV 18) mit den Schülern bearbeiten. Für die Durchführung des Experiments benötigen Sie möglichst viele „Fahrzeuge", die sich annähernd mit gleicher Geschwindigkeit bewegen. Mit einem Fahrzeug können Sie das Experiment auch als Demonstration durchführen. Dabei werden möglichst viele Aufgaben durch Schüler realisiert (z. B. Wege und die Zeiten bestimmen). Die Messstrecken können z. B. auf dem Fußboden im Unterrichtsraum, in der Sporthalle oder auch auf geeigneten Flächen des Schulhofs liegen. Die Zeit messen die Schüler jeweils nach 50, 100, 150, 200 und 250 Zentimetern. Mit den Werten kann der Proportionalitätsfaktor *k* (Geschwindigkeit v) bestimmt und die Zuordnung in einem Koordinatensystem dargestellt werden (KV 18). Dieses Experiment ist gut geeignet, um die Behandlung linearer Gleichungssysteme vorzubereiten.

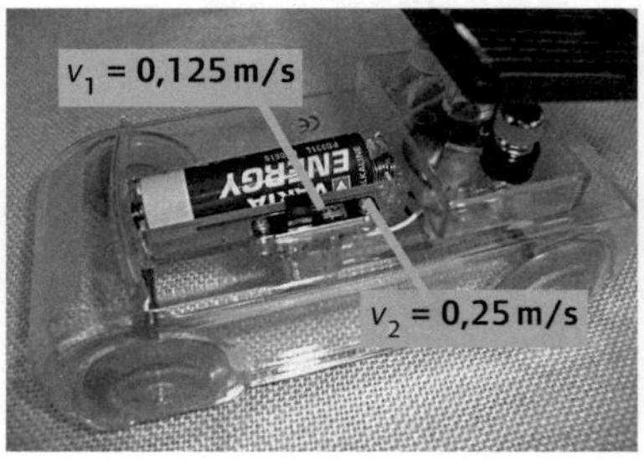

WIE KANN DIFFERENZIERT WERDEN?

- **NIVEAU 1:** Für das Erstellen des *Weg-Zeit-Diagramms* kann der *TIPP* angefordert werden.
- **NIVEAU 2:** Die Schüler organisieren im Vorfeld selbstständig geeignete „Fahrzeuge" für das Experiment.
- **ZUSATZ 1:** Die Schüler ergänzen eine Wertetabelle für eine gleichförmige Bewegung und zeichnen das dazugehörige Weg-Zeit-Diagramm.
- **ZUSATZ 2:** Die Schüler untersuchen mehrere Fahrzeuge mit unterschiedlicher Geschwindigkeit.

TIPP UND ZUSATZ GLEICHFÖRMIGE BEWEGUNGEN (WEG UND ZEIT)

Tipp

Das Weg-Zeit-Diagramm zeichnen

- Wähle eine günstige Einteilung für die *x*-Achse (*t* in *s*).
- Trage die Koordinaten der Messwertpaare *P* (*x*|*y*) in das Koordinatensystem ein.
- Verbinde die Punkte.
- Schneide das fertige Diagramm aus und klebe es auf dein Protokoll.

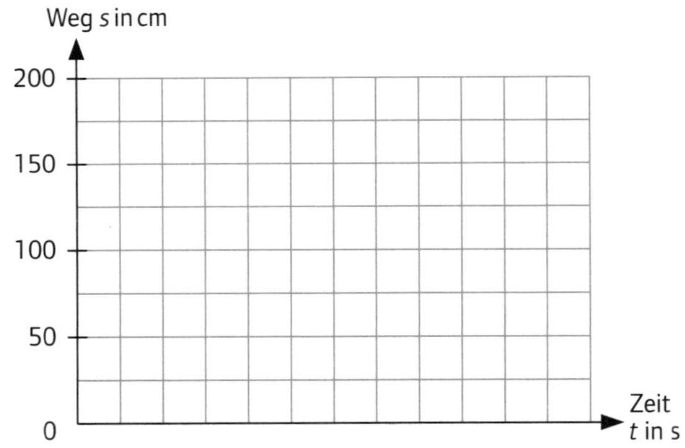

Zusatz 1

Die Lok bewegt sich gleichförmig, d. h., dass ihre Geschwindigkeit gleich bleibt.

Das ist eine wetterfeste Gartenmodelllok. Ihre Spurweite beträgt 45 mm.

Weg (*s*)	Zeit (*t*)
0	
50 cm	4 s
	6 s
100 cm	
	12 s
250 cm	
400 cm	
	60 s

- Ergänze die Angaben in der Tabelle.
- Zeichne das dazugehörige Weg-Zeit-Diagramm.
- Wie groß ist die Geschwindigkeit der Lok? ______________________

Zusatz 2

- Untersuche zwei Körper mit unterschiedlichen Geschwindigkeiten, die sich gleichförmig bewegen. Arbeite in deinem Heft.

- Bereite zwei Körper, die Messstrecke und die Zeitmessung vor.
- Lege eine Wertetabelle an.
- Bestimme die Geschwindigkeiten (in cm/s; m/s und km/h) der beiden Körper.
- Zeichne für beide Bewegungen die Graphen in ein Koordinatensystem (Weg-Zeit-Diagramm).
- Interpretiere den Verlauf der beiden Graphen.
- Welcher Zusammenhang besteht zwischen der Steigung der Graphen und der Geschwindigkeit?

Name:		Proportionale Zuordnungen
Klasse:	Datum:	

KV 18

Gleichförmige Bewegungen

VORBEREITUNG

› John joggt gleichförmig mit 10 km/h. Berichtige die falschen Aussagen.

1 Für den doppelten Weg benötigt John die vierfache Zeit.

2 Für den dreifachen Weg benötigt er ein Drittel der Zeit.

3 Den halben Weg schafft er in der doppelten Zeit.

4 Für 5 km benötigt John 40 Minuten.

DURCHFÜHRUNG

› Baue die Versuchsstrecke mit Markierungen im Abstand von 50 Zentimetern auf.

› Überprüfe die Funktionstüchtigkeit der Stoppuhr und die des Fahrzeugs.

› Stell das Fahrzeug an den ***START … FERTIG … LOS!***

› Bestimme die benötigten Zeiten für 50, 100, 150 und 200 cm Fahrweg und trage die Werte in die Tabelle ein.

› Dividiere für jedes Wertepaar den Weg durch die Zeit ($s:t$). Schreibe die gerundeten Ergebnisse in die Tabelle. Die Einheit ist Zentimeter pro Sekunde (cm/s).

Weg (s)	Zeit (t)	$s:t$
0	0	–
50 cm		
100 cm		

AUSWERTUNG

› Vergleiche die Quotienten von Weg und Zeit. Was stellst du fest?

› Zeichne das Weg-Zeit-Diagramm *(TIPP)*.

› Was ergibt der Graph?

› Wie verhalten sich der Weg und die Zeit zueinander?

› Wie groß ist die Geschwindigkeit des Körpers?

Temposündern auf der Spur

	A **Schülerexperiment, Projekt auf dem Sportplatz (100-Meter-Bahn)** B **Schülerexperiment, Projekt an einer Straße (z. B. vor der Schule)**
Thema	Antiproportionale Zuordnungen: die Geschwindigkeit und die Zeit bei gleichförmigen Bewegungen
Materialien pro Gruppe	A ein Fahrrad und ein Skateboard, eine Stoppuhr oder ein Smartphone B ein Entfernungsmesser oder ein Maßband, eine Stoppuhr oder ein Smartphone
Sicherheitshinweise	A Beim Radfahren und beim Skaten sollten die Schüler Sportzeug tragen und selbstverständlich einen Fahrradhelm aufsetzen. B Während der Messungen dürfen die Schüler nur Fußgängerwege betreten und sie müssen auf Ein- und Ausfahrten achten.

WORUM GEHT ES – WAS WIRD DEUTLICH?

Zwei Größen *x* und *y* verhalten sich antiproportional (oder umgekehrt proportional), wenn zum Doppelten (Dreifachen ...) der Ausgangsgröße *x* die Hälfte (ein Drittel ...) der zugeordneten Größe *y* gehört. Für zwei antiproportionale Größen gilt Produktgleichheit. Multipliziert man jeweils die Größen *x* und *y*, dann erhält man stets den gleichen Wert, den so genannten **Proportionalitätsfaktor *k*.** Antiproportionale Zuordnungen zweier Größen erkennt man also an der Produktgleichheit und am gekrümmten Verlauf des Graphen im Koordinatensystem. Diesen Graphen bezeichnet man als Hyperbel. Bei vielen praktischen Anwendungen liegen die sinnvollen Wertepaare im ersten Quadranten und wir erhalten als Graphen einen Hyperbelast.

WAS IST ZU TUN?

Den Schülern sollte klar sein, dass gleichförmige Bewegungen vorliegen, wenn sich ein Körper (Fahrzeug) mit konstanter Geschwindigkeit bewegt. Das gilt auch, wenn die Geschwindigkeit annähernd gleich bleibt.

A Die Durchführung des Experiments erfolgt auf der 100-Meter-Bahn des Sportplatzes. Jede Gruppe misst die Zeit, die **a) beim Gehen, b) beim Laufen, c) beim Radfahren und d) beim Skaten** für jeweils 100 Meter benötigt wird. Mit den Zeiten und der Länge der Wegstrecke berechnen die Schüler die Geschwindigkeiten und treffen Aussagen hinsichtlich der benötigten Zeit. Die Zuordnung stellen die Schüler in einem Koordinatensystem dar (KV 19) und leiten die typischen Eigenschaften antiproportionaler Zuordnungen aus der Wertetabelle und dem Verlauf des Graphen ab.

B Die Schüler sind für die Messungen direkt an einer Straße (in der Regel direkt vor der Schule) durch das Experiment (A) gut vorbereitet. Zuerst wird an einem möglichst geraden Abschnitt der Straße eine Strecke von 100 Metern abgemessen und deutlich (z. B. mit Kreidestrichen) markiert. Die Schüler messen in Partnerarbeit für verschiedene Fahrzeugarten (Fahrräder, Mopeds, Motorräder, PKWs, Kleintransporter, LKWs, Rettungswagen, Reinigungsfahrzeuge usw.) jeweils die benötigte Zeit für die 100 Meter und berechnen mit den Werten die Geschwindigkeit. Im Vorbereitungs- und Auswertungsteil geht es um Maßnahmen zur Verkehrssicherheit und den Grad ihrer Einhaltung (KV 20). Für die Interpretation der Versuchsergebnisse sind viele Daten förderlich, die in Prozentform angegeben eine gute Vergleich- und Interpretierbarkeit gewährleisten.

WIE KANN DIFFERENZIERT WERDEN?

› **NIVEAU 1:** Für das Erstellen des *Geschwindigkeit-Zeit-Diagramms* kann der *TIPP 1* angefordert werden. *TIPP 2* hilft den Schülern beim Umrechnen von m/s in km/h bzw. umgekehrt.

› **ZUSATZ:** Die Schüler ergänzen eine Wertetabelle für verschiedene Verkehrsmittel, die sich gleichförmig bewegen und zeichnen das entsprechende Weg-Zeit-Diagramm.

GLEICHFÖRMIGE BEWEGUNGEN (GESCHWINDIGKEIT UND ZEIT)

Tipp 1

Das Geschwindigkeit-Zeit-Diagramm zeichnen

- Wähle eine günstige Einteilung für die *x*-Achse (*t* in *s*).
- Wähle eine günstige Einteilung für die *y*-Achse (*v* in m/s).
- Trage die Koordinaten der Messwertpaare *P*(*x*|*y*) in das Koordinatensystem ein.
- Verbinde die Punkte.
- Schneide das fertige Diagramm aus und klebe es auf dein Protokoll.

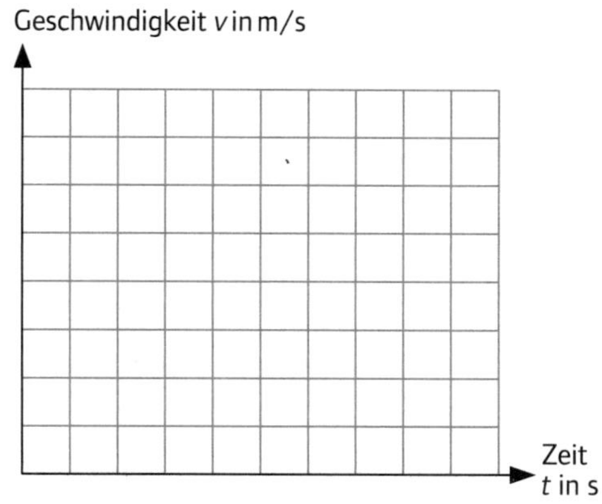

Tipp 2

Umrechnen Meter pro Sekunde (km/h) in Kilomter pro Stunde (m/s) und umgekehrt

Beispiele:

→ 1 km/h = 1 000 m : 3 600 s = 1 : 3,6 m/s

→ 5 km/h = 5 : 3,6 m/s ≈ 1,34 m/s

- km/h in m/s → dividiere durch 3,6
- m/s in km/h → multipliziere mit 3,6

Zusatz

Diese Verkehrsmittel bewegen sich 20 Kilometer mit jeweils einer durchschnittlichen Geschwindigkeit von Löcknitz nach Pasewalk.

20 km/h	12 min	200 km/h	100 km/h
Fahrrad	60 km/h	6 min	Feuerwehr
Rettungshubschrauber	60 min	Personenzug	20 min

- Ordne die Angaben zu den vier Verkehrsmitteln richtig in der Tabelle.
- Ergänze ein fünftes Verkehrsmittel nach eigener Wahl.

Verkehrsmittel	______	______	______	______	______
Zeit					
Geschwindigkeit					

- Trage für jedes Verkehrsmittel die Koordinaten in das Geschwindigkeit-Zeit-Diagramm *(TIPP 1)*.
- Verbinde die Punkte zu einem Graphen.
- Wie nennt man solche Graphen?

____

- Lies aus dem Diagramm ab, wie lange ein Verkehrsmittel mit 50 km/h benötigt.
  - Welches Verkehrsmittel könnte das sein?

____

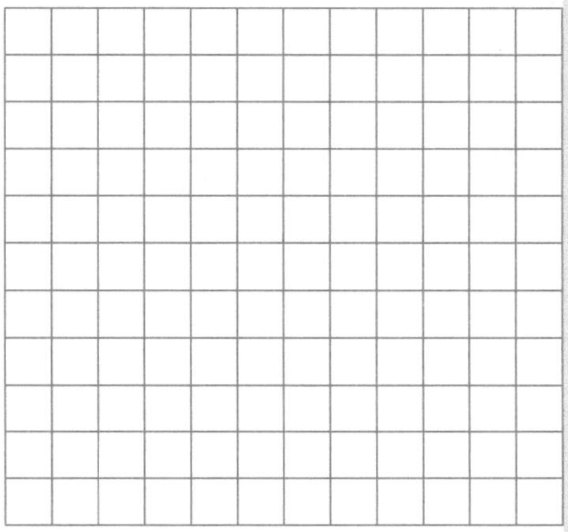

Auf die Plätze … Fertig … LOS!

VORBEREITUNG

› Natalie fährt fünf Kilometer mit dem Fahrrad. Ihre Geschwindigkeit beträgt 10 km/h. Berichtige die falschen Aussagen.

1 Mit halber Geschwindigkeit benötigt Natalie die vierfache Zeit.

____

2 Mit doppelter Geschwindigkeit würde sie 45 Minuten benötigen.

____

3 Will sie in 15 Minuten ankommen, muss sie mit 15 km/h fahren.

____

DURCHFÜHRUNG

› Die Messstrecke ist die 100-Meter-Bahn auf dem Sportplatz.
› Überprüft die Funktionstüchtigkeit der Stoppuhren und eure Ausrüstung für die Bewegungen.
› Denkt an die Sicherheit: **Sportkleidung! Helmpflicht! Protektoren!**
› Bestimmt für die vier Personen (Geher, Läufer, Skater, Radfahrer) die **Zeit in Sekunden** für die Strecke von 100 Metern.

Person	Geher	Läufer	Skater	Radfahrer
Zeit				
Geschwindigkeit in m/s				
Geschwindigkeit in km/h				

AUSWERTUNG

› Berechne für jede Person die Geschwindigkeit. Dividiere jeweils die gemessene Zeit durch den zurückgelegten Weg (100 Meter). Trage die Ergebnisse in die Tabelle (DURCHFÜHRUNG) ein.
› Rechne die Geschwindigkeit von Meter pro Sekunde (m/s) in Kilometer pro Stunde (km/h) um *(TIPP 2)*. Trage die Werte ebenfalls in die Tabelle ein.
› Zeichne das Geschwindigkeit-Zeit-Diagramm *(TIPP 1)*.
› Was ergibt der Graph?

____

› Wie verhalten sich die Geschwindigkeit und die Zeit zueinander?

____

Temposündern auf der Spur

VORBEREITUNG

- Wie groß ist die Höchstgeschwindigkeit auf der Straße vor deiner Schule?
  ____
- Nenne zwei Gründe, warum vor Schulen die Geschwindigkeit begrenzt ist.
  ____
  ____
- Gelten diese Begrenzungen für alle Fahrzeuge? ______________________
  ____

AUSWERTUNG

- Berechne für jeden Körper die Geschwindigkeit *v*. Dividiere jeweils die gemessene Zeit durch den zurückgelegten Weg (100 Meter). Trage die Ergebnisse in die Tabelle (DURCHFÜHRUNG) ein.
- Rechne die Geschwindigkeit von Meter pro Sekunde (m/s) in Kilometer pro Stunde (km/h) um *(TIPP 2)*. Trage die Werte ebenfalls in die Tabelle ein.
- Wie viele Fahrzeuge haben sich an die Geschwindigkeitsbegrenzung gehalten? Gib den Anteil in Prozent an.
  ____
- Vergleiche deine Ergebnisse mit den Werten der anderen Schüler.
  ____
- Ergänze: *Je* ______ *man fährt, desto* ______ *Zeit benötigt man für die gleiche Strecke.*
  Geschwindigkeit und Zeit sind ______ *zueinander.*

DURCHFÜHRUNG

- Die Messstrecke ist 100 Meter lang und liegt an einer Straße.
- START und ZIEL für die Messungen sind gut erkennbar.
- Überprüft die Funktionstüchtigkeit der Stoppuhren.
- Denkt an die Sicherheit: Nicht die Straße betreten!
- Stoppt für möglichst viele Fahrzeuge die Zeit, die sie für 100 Meter benötigen.
- *TIPP:* Fahrzeugarten sind *Fahrrad, Moped, Motorrad, PKW, Kleintransporter, LKW, Rettungswagen, Reinigungsfahrzeug* usw.

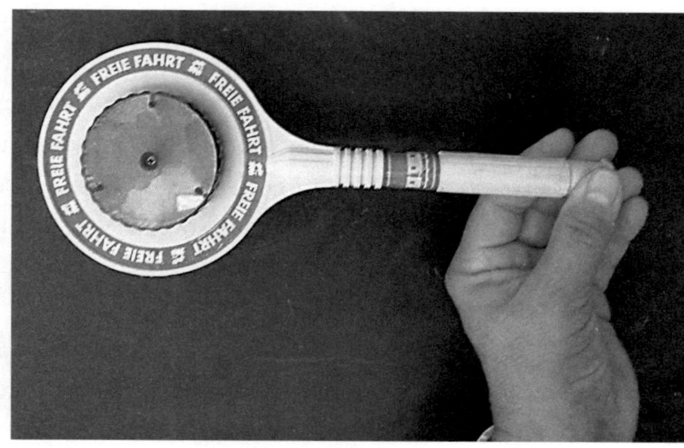

Fahrzeugart	Zeit	v in m/s	v in km/h

Gleichförmige Bewegungen als Gleichung

	Schülerexperiment
Thema	Beschreiben von gleichförmigen Bewegungen mit linearen Funktionen
Materialien pro Gruppe	ein Fahrzeug (z. B. Auto mit Solarantrieb), eine Messstrecke (ein Zollstock oder ein Maßband), eine Stoppuhr oder ein Smartphone

WORUM GEHT ES – WAS WIRD DEUTLICH?

Unter einer Funktion versteht man eine Zuordnung (Relation), bei der jedem Element einer Menge (*x*-Werte) genau ein Element einer anderen Menge (*y*-Werte) zugeordnet wird. Relationen und Funktionen kann man beispielsweise *verbal, als Pfeildiagramm, als Tabelle, als Graph im Koordinatensystem und/oder als Funktionsgleichung* darstellen. Der Graph einer linearen Funktion ist stets eine Gerade mit der Funktionsgleichung $y = mx + b$. Dabei bezeichnet m den Anstieg (oder Steigung) der Geraden und b ist die Schnittstelle mit der *y*-Achse. Zum Zeichnen des Graphen einer linearen Funktion genügen zwei Punkte im Koordinatensystem, die mit einer Geraden verbunden werden. Gleichförmige Bewegungen, bei denen die Geschwindigkeit (näherungsweise) gleich bleibt, können als lineare Funktionen modelliert werden. Dabei ist der zurückgelegte Weg *s* von der verstrichenen Zeit *t* abhängig. Der Quotient aus Weg und Zeit ergibt die Geschwindigkeit *v*. Je größer die Geschwindigkeit des Körpers, desto steiler verläuft die Gerade im Koordinatensystem.

WAS IST ZU TUN?

In Fortführung des Experimentes zur direkten Proportionalität bei gleichförmigen Bewegungen „übersetzen" die Schüler die reale Bewegung von Körpern mit konstanter Geschwindigkeit in die Sprache der Mathematik (Wertetabelle, Graph, Funktionsgleichung). Dazu messen sie für die zurückgelegten Wege s (0,4 m, 0,8 m; 1,2 m, 1,6 m und 2 m) die benötigten Zeiten *t*. Liegt der Startpunkt bei *null*, ergibt der Graph eine Gerade durch den Koordinatenursprung, die mit der Funktionsgleichung $y = mx$ beschrieben werden kann (s. S. 29; proportionale Zuordnungen). Der Anstieg m (entspricht der Geschwindigkeit *v*) sollte als Dezimalzahl und als Bruch geschrieben werden

In Vorbereitung auf das experimentelle Lösen von Gleichungssystemen (ab S. 38) wird der Startpunkt des Fahrzeuges verschoben (z. B. um 0,4 Meter). Die Bewegungen können nun mit Funktionsgleichungen der Form $y = mx + b$ beschrieben werden. Für die Versuchsdurchführung sollte die ca. zwei Meter lange Messstrecke auf dem Fußboden aufgebaut werden. Innerhalb der Auswertung zeichnen die Schüler das Weg-Zeit-Diagramm, berechnen die Geschwindigkeit *v* ($v = s : t$) und erstellen die Funktionsgleichungen für die gleichförmigen Bewegungen ohne und mit Vorsprung (KV 21). Das Experiment lässt sich auch gut als Demonstration einsetzen.

TIPP: Das Erstellen des Graphen im Koordinatensystem können die Schüler auch auf einem Funktionen-Steckbrett vornehmen (vgl. S. 40; *Tipp 1*). Für die Achseneinteilungen sind entsprechend den konkreten Messwerten eventuelle Hilfen erforderlich.

WIE KANN DIFFERENZIERT WERDEN?

- **NIVEAU 1:** Die Schüler können für das Zeichnen des Graphen einen *TIPP* (s. S. 30) nutzen.
- **NIVEAU 2:** Die Schüler erweitern das Experiment selbstständig mit anderen Werten für den Vorsprung.
- **ZUSATZ:** Untersuche die Bewegung für ein Fahrzeug, das 40 Zentimeter vor dem Start losfährt. Wie lautet die Funktionsgleichung? Zeichne den Graphen in das Weg-Zeit-Diagramm. Arbeite in deinem Heft.

Name:

Klasse: Datum:

Lineare Funktionsgleichungen

KV 21

Gleichförmige Bewegungen „auf mathematisch"

VORBEREITUNG

Frau Ruhig und Herr Raser fahren ein 30 Kilometer langes Radrennen. Frau Ruhig fährt gemächlich mit 10 Sachen (km/h), da sie einen großzügigen Vorsprung von 5 Kilometern erhalten hat. Herr Raser prescht mit 20 km/h hinterher.

› Ordne die Angaben passend den Funktionsgleichungen zu. Zwei Angaben passen für beide Funktionsgleichungen.

Vorsprung	Gesamtweg	Zeit	kein Vorsprung	Geschwindigkeit

$y = 20x$

$y = 10x + 5$

› Welche der beiden Funktionsgleichungen beschreibt die Bewegung von Frau Ruhig? ______

› **Stell dir vor:** Du würdest mit 25 km/h und schon 5 Kilometer vor dem Start losradeln.

Wie lautet „deine Funktionsgleichung"? ______

DURCHFÜHRUNG

› Baue die Versuchsstrecke auf. Überprüfe die Funktionstüchtigkeit der Stoppuhr und die des Fahrzeugs.

› Stelle das Fahrzeug bei *null* an den ***START!***

› … ***FERTIG und LOS!***

› Bestimme für die angegebenen Wege die benötigten Zeiten und trage die Werte in die Tabelle ein.

› Wiederhole die Messungen. Das Fahrzeug erhält jetzt einen Vorsprung von 40 Zentimetern.

Weg (s)	Zeit (t) ohne Vorsprung	Zeit (t) mit Vorsprung
0	*0*	–
0,40 m		*0*
0,80 m		
1,20 m		
1,60 m		
2,00 m		

AUSWERTUNG

› Zeichne die beiden Graphen in ein Koordinatensystem (*TIPP*). Arbeite in deinem Heft.

› Berechne die Geschwindigkeit des Fahrzeugs.

______

› Wie lautet die Funktionsgleichung, wenn das Fahrzeug keinen Vorsprung hat?

______

› Wie lautet die Funktionsgleichung, wenn das Fahrzeug 40 Zentimeter Vorsprung erhält?

______

› Frau Ruhig, Herr Raser oder du? Wer gewinnt eigentlich das Radrennen?

______

Eingeholt – Auf der Überholspur

	Demonstration mit verteilten Aufgaben
Thema	Experimentelle, grafische und rechnerische Lösung eines linearen Gleichungssystems
Materialien für die Demonstration	zwei Fahrzeuge (z. B. Autos mit Solarantrieb mit zwei einstellbaren Geschwindigkeiten), Messstrecke (zwei Zollstöcke, ein Maßband 3 m oder Metermaße, z. B. aus dem Baumarkt), Stoppuhren oder Smartphones
Materialien pro Schüler für die Auswertung	ein Funktionen-Steckbrett (die Stifte und farbigen Gummis (Modellbeispiel) sind jeweils im Set enthalten) oder Millimeter-Papier 

WORUM GEHT ES – WAS WIRD DEUTLICH?

Wir betrachten lineare Gleichungssysteme mit zwei Variablen und zwei Gleichungen, die mit den Lösungen für *x* und *y* gleichzeitig erfüllt sein müssen. Die gemeinsamen Lösungen *x* und *y* bilden ein Lösungspaar ***L* (*x*|*y*)**. Für die Lösung eines linearen Gleichungssystems nutzen wir drei Verfahren.

- **Das experimentelle Lösen:** Die Lösungen (*x* und *y*) des Gleichungssystems werden durch experimentelles Messen mit geeigneten Messinstrumenten generiert.
- **Das geometrische Lösen:** Die Graphen der beiden linearen Funktionen sind Geraden, die unendlich viele Lösungen (kongruent), keine Lösung (parallel) oder genau eine Lösung (Schnittpunkt) haben können. Die beiden Geraden zeichnet man in ein geeignetes Koordinatensystem (Weg-Zeit-Diagramm), liest den Schnittpunkt ab und interpretiert ihn.
- **Das rechnerische (algebraische) Lösen:** Die beiden Gleichungen mit zwei Variablen werden auf eine Gleichung mit einer Variablen reduziert und gelöst. Die Lösung *x* oder *y* setzt man in eine der Ausgangsgleichungen ein und kann die andere Variable berechnen. Da die Ausgangsgleichungen bereits nach *y* umgestellt sind (Funktionsgleichungen), bietet sich für das Lösen das Gleichsetzungsverfahren an.

WAS IST ZU TUN?

Die vorgestellte Sequenz ist für drei Unterrichtsstunden als Anwendung und Zusammenfassung zum Thema **Lineare Gleichungssysteme** geplant. Sie können natürlich auch nur einzelne Segmente in den Unterricht einbauen.

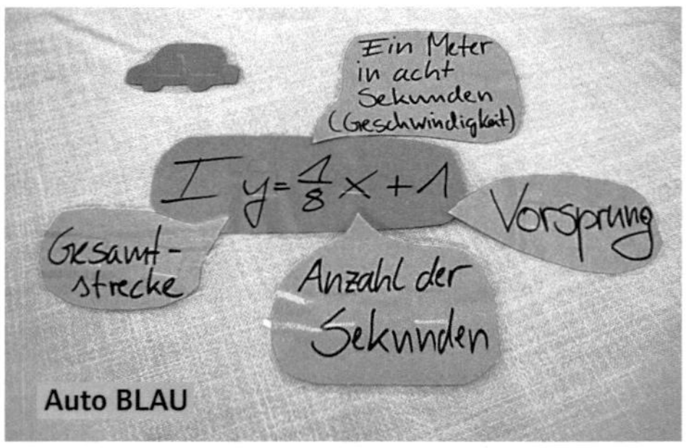

Auto BLAU

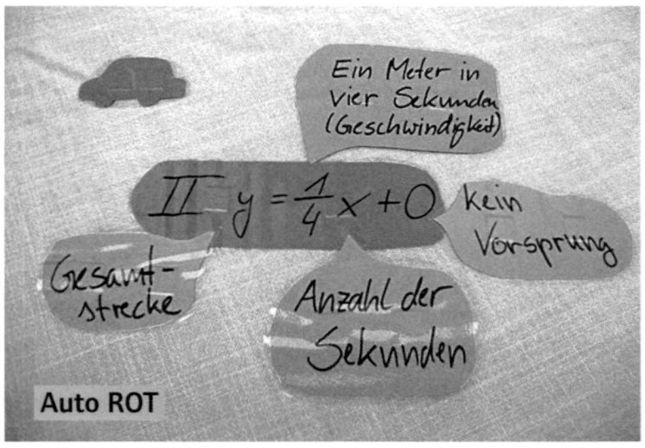

Auto ROT

1. Stunde
Experimentelle Lösung eines Gleichungssystems

In dieser Stunde werden die Funktionsgleichungen für die beiden Fahrzeuge vorgegeben und interpretiert. Sie können natürlich auch auf das Experiment zum Ermitteln von Funktionsgleichungen zurückgreifen.

Für beide Fahrzeuge wird deren Bewegung mit einer linearen Funktionsgleichung der Form $y = mx + b$ in die „Sprache der Mathematik" übersetzt. Für das Verstehen der Funktionsgleichungen können die Schüler die vorgegebenen Bedeutungen den Elementen der Funktionsgleichung richtig zuordnen und kurz in einem Satz erläutern. Dafür bietet sich beispielsweise die TTT-Methode *(Touch-Turn-Talk)* an (Bilder rechts).

TIPP: Laminieren Sie die Elemente des Schaubildes gleich zusammen mit zwei oder drei Magneten.

Den Schwerpunkt dieser Stunde bildet natürlich das Experiment zum Überholvorgang zweier Fahrzeuge (KV 22). Dieser Vorgang wird mathematisch modelliert, um den Zeitpunkt und den Ort des Überholens berechnen (vorhersagen) zu können. Bauen Sie mit den Schülern die Messstrecke auf (Bild unten) und verteilen Sie die Aufgaben (AUFGABENKARTEN). Vor dem Experiment formulieren die Schüler Vermutungen. Lassen Sie das Experiment (entsprechend den zeitlichen Möglichkeiten) mehrmals mit rotierender Aufgabenverteilung durchführen. Das Ziel des Experiments besteht im Messen des Ortes (y-Wert) und der Zeit des Überholens (x-Wert) oder genauer gesagt **des Einholens,** wenn beide Fahrzeuge gleichauf sind. Die Ergebnisse der Messungen werden protokolliert und die durchschnittlichen Werte als Lösung berechnet.

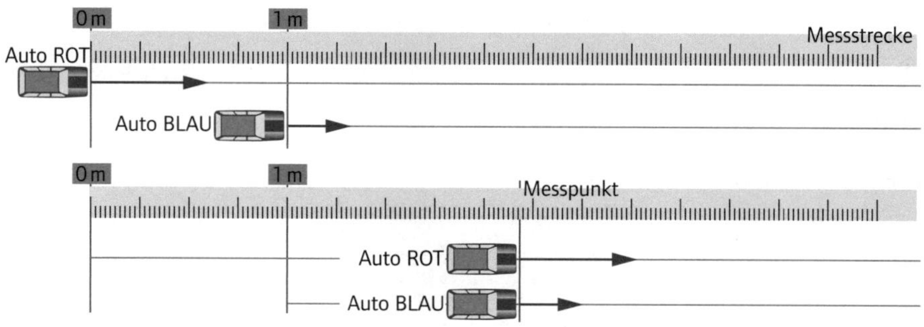

2. Stunde

Grafische Lösung des Gleichungssystems

Das Gleichungssystem soll grafisch mit einem Funktionen-Steckbrett oder auf Millimeter-Papier im Koordinatensystem gelöst werden. Nachdem die Schüler die Geraden gesteckt und/oder gezeichnet haben, lesen sie den Schnittpunkt ab und interpretieren ihn als Lösung (Ort und Zeit des Einholens) des Gleichungssystems (KV 23).
HINWEIS: Für unser Beispiel eignet sich eine Einteilung der x-Achse in Zweierschritten.

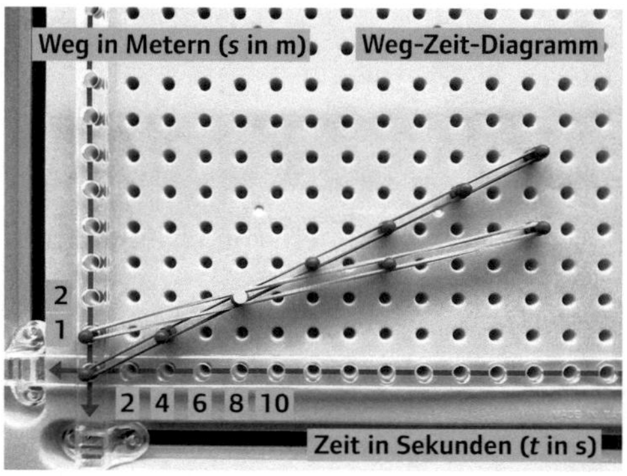

3. Stunde

Rechnerische Lösung des Gleichungssystems mit dem Gleichsetzungsverfahren

Zum Abschluss lösen die Schüler das Gleichungssystem rechnerisch mit dem Gleichsetzungsverfahren. Als Einstieg kann das Interpretieren der Funktionsgleichungen wiederholt und geübt werden. Der Hinweis auf die Ergebnisse der experimentellen und grafischen Lösung darf auch nicht fehlen. Die zentrale Erkenntnis bei den Schülern könnte lauten: Eine Lösung auf drei unterschiedlichen Wegen (mit drei Verfahren) ermittelt. Ein Vergleich der Lösungen und eine kritische Bewertung hinsichtlich Aufwand und Genauigkeit runden diese Stunde ab (KV 24).

WIE KANN DIFFERENZIERT WERDEN?

- **NIVEAU 1:** Die Schüler interpretieren die vorgegebenen Funktionsgleichungen. Für das Lösen des Gleichungssystems können entweder die mathematischen Operationen oder die verbalen Kommentare vorgegeben werden. In einer weiteren Vereinfachung ist es möglich, Operationen und Kommentare vorzugeben und passend zuordnen zu lassen.
- **ZUSATZ:** Die Versuchsbedingungen werden hinsichtlich der Geschwindigkeit und des Vorsprungs beider Fahrzeuge variiert. Die Schüler stellen die Funktionsgleichungen auf und treffen durch grafisches und/oder rechnerisches Lösen des Einholens Vorhersagen, die anschließend experimentell verifiziert werden. Diese Experimente (ZUSATZ) sind geeignet, um die Anzahl der Lösungen (eine, keine oder unendlich viele Lösungen) eines Gleichungssystems zu veranschaulichen.

TIPPS UND ZUSATZ LINEARE GLEICHUNGSSYSTEME LÖSEN

Tipp 1

So steckst du lineare Funktionen:
$y = mx + b$
m ist der Anstieg.
b ist die Schnittstelle mit der y-Achse.

Beispiel:

$y = \frac{1}{3}x + 6$

- der Anstieg: $m = \frac{1}{3}$
- die Schnittstelle mit der y-Achse: $b = 6$

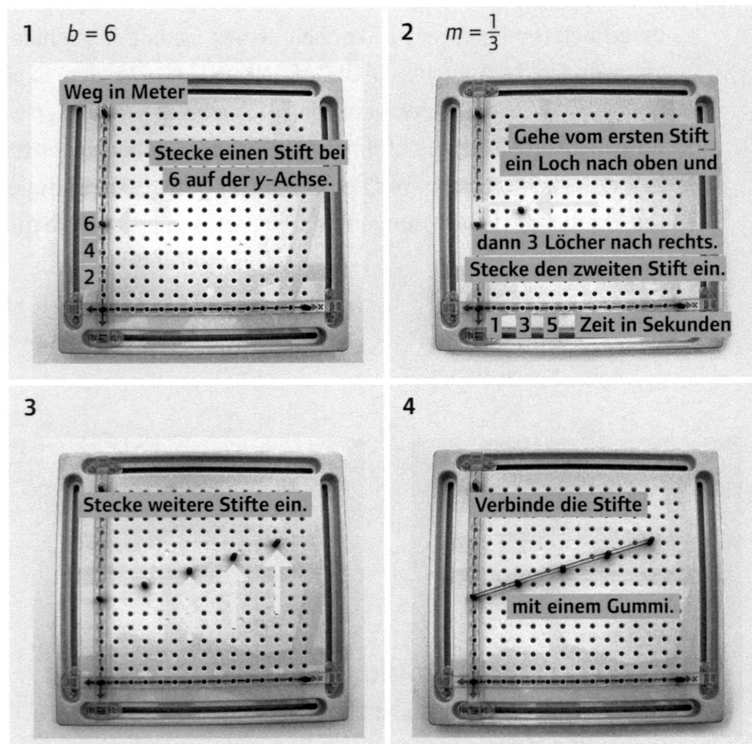

Tipp 2

Rechnerische Lösung des Gleichungssystems

Rechenschritte	Beschreibung/Kommentar
Auto A (I) $y = 2x$	*Das ist die Funktionsgleichung für das Auto A.*
Auto B (II) $y = \frac{1}{2}x + 6$	*Das ist die Funktionsgleichung für das Auto B.*
$y = y$	*Beim Überholen erreichen beide Autos den gleichen y-Wert.*
$2x = \frac{1}{2}x + 6$	*Beim Überholen haben beide Autos auch den gleichen x-Wert.*
$2x = \frac{1}{2}x + 6 \quad \mid -\frac{1}{2}x$	*Auf beiden Seiten der Gleichung subtrahieren wir $\frac{1}{2}x$.*
$1{,}5x = 6 \mid : 1{,}5$	*Beide Seiten der Gleichung dividieren wir durch 1,5.*
$x = 4$	*Das Ergebnis lautet $x = 4$.*
(I) $y = 2x = 2 \cdot 4 = 8$	*Den y-Wert mit der Gleichung (I) berechnen.*
(II) $y = x + 6 = 2 + 6 = 8$	*Den y-Wert mit der Gleichung (II) berechnen.*

Tipp 3

Den Durchschnitt von Messwerten berechnen

- Addiere alle Messwerte.
- Die Summe dividierst du durch die Anzahl der Messwerte.
- Runde dein Ergebnis sinnvoll auf ganze Zentimeter bzw. Sekunden.

Zusatz

Führe das Experiment mit folgenden Veränderungen durch.

A Die Geschwindigkeiten bleiben gleich. Der Vorsprung soll jetzt 2 Meter betragen.
B Die Geschwindigkeiten bleiben gleich. Der Vorsprung soll jetzt 1,5 Meter betragen.
C Beide Fahrzeuge haben die gleiche Geschwindigkeit. Der Vorsprung beträgt wieder einen Meter.
D Beide Fahrzeuge starten bei null und haben die gleiche Geschwindigkeit.

AUFGABEN DER ÜBERHOLVORGANG

1 Starter 1, Auto BLAU (ein Schüler)

- Du überprüfst, ob das Auto fahrbereit ist.
- Du probierst aus, wie das Fahrzeug in Betrieb genommen wird.
- Du stellst das Fahrzeug BLAU auf die richtige Startposition.
- Beachte eine gerade Ausrichtung des Fahrzeugs.
- Das Fahrzeug muss gerade fahren können, ohne mit anderen Gegenständen zu kollidieren.

Material: Auto BLAU

2 Starter 2, Auto ROT (ein Schüler)

- Du überprüfst, ob das Auto fahrbereit ist.
- Du probierst aus, wie das Fahrzeug in Betrieb genommen wird.
- Du stellst das Fahrzeug ROT auf die richtige Startposition.
- Beachte eine gerade Ausrichtung des Fahrzeugs.
- Das Fahrzeug muss gerade fahren können, ohne mit anderen Gegenständen zu kollidieren.

Material: Auto ROT

3 Signalgeber (ein Schüler)

- Frage die Beobachter und Starter: *„Sind die Fahrzeuge betriebsbereit an der richtigen Startposition?"*
- Gib das Kommando: *„Fahrzeuge einschalten!"*
- Gib das Signal: *„LOS!"*
- Gib das Kommando: *„STOPP!"* und das Signal, wenn beide Fahrzeuge gleichauf sind.

Material: Signalgeber (z. B. Glocke)

4 Zeitnehmer (möglichst viele Schüler)

- Überprüfe dein Messinstrument (Stoppuhr oder Smartphone).
- Du stoppst die benötigte Zeit vom Start bis zum Einholen, wenn beide Autos auf der gleichen Höhe sind.
- Beachte die Kommandos und Signale vom Signalgeber.

Material: Stoppuhr oder Smartphone

5 Beobachter (zwei bis drei Schüler)

- Informiere dich vorher über die verteilten Aufgaben und achte auf ihre Einhaltung.
- Gib nach dem Experiment eine kurze Einschätzung über den Versuchsablauf.

Material: Beobachtungsprotokoll (Stichpunkte z. B. an der Tafel, am Smartboard oder am Flipchart)

6 Wegmesser (ein Schüler)

- Überprüfe die Messstrecke.
- Du misst den Weg, den die Fahrzeuge beim Einholen zurückgelegt haben.
- Miss genau bis zur Vorderkante der Fahrzeuge.

Material: Lineale; Maßband oder Metermaße

7 Messprotokoll (ein Schüler)

- Notiere die Werte für die Zeiten und Wege und berechne den Durchschnitt *(TIPP 3)*.

Nummer der Messung	1	2	3	4	Durchschnitt
Zeit (*x*)					
Weg (*y*)					

Material: Messwertetabelle, Taschenrechner

Name:		Lineare Gleichungssysteme
Klasse:	Datum:	A Experimentell lösen

KV 22

Eingeholt – Auf der Überholspur

VORBEREITUNG

› Notiere die Stundenfrage.

____

____

› Beschreibe kurz, welche Aufgabe du beim Experiment hast.

____

____

› Beschrifte den Versuchsaufbau im Bild: *Auto BLAU; Auto ROT; Vorsprung; Maßband.*

› Vermute, wo und wann das Überholen stattfinden wird.

____

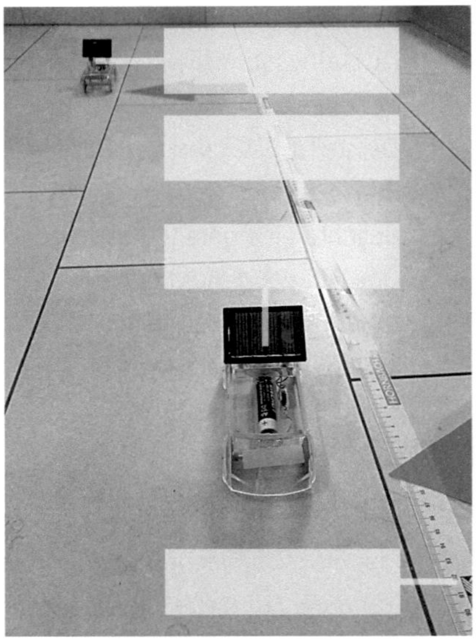

DURCHFÜHRUNG

› Überprüft die Fahrtüchtigkeit der Autos, die Lage des Maßbandes und die Funktionstüchtigkeit der Stoppuhren.

› *TIPP:* Die Messungen erfolgen, wenn beide Autos auf gleicher Höhe sind!

› ***AUF die Startpositionen – FERTIG – LOS!***

› Wiederholt die Messungen mehrmals und berechnet die durchschnittlichen Werte *(TIPP 3)* für die Zeit (x) und den Weg (y).

AUSWERTUNG

› Gib die Lösung für die Bewegungen beider Autos an.
Die Zeit bis zum Überholen ist der x-Wert.
Der zurückgelegte Weg bis zum Überholen ist der y-Wert.

$L(x|y) \rightarrow$ ______________

› Wie viele Lösungen L gibt es bezogen auf das Überholen? Kreuze an und begründe deine Entscheidung.

keine Lösung ☐ eine Lösung ☐ zwei Lösungen ☐

Begründung: ______________________________

____

› Wie genau ist die Lösung? Welche Fehlerquellen können zu Ungenauigkeiten führen?

____

____

Blau vs. Rot: Eingeholt – Auf der Überholspur

1 Notiere die Stundenfrage.

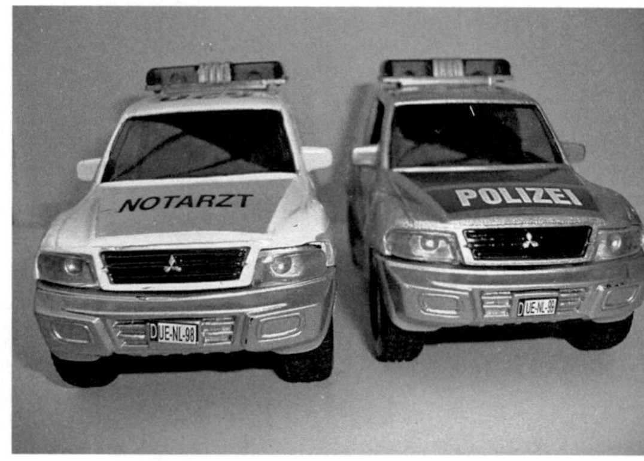

Für das Einholen gilt:
Auto ROT = Auto BLAU
$x_{ROT} = x_{BLAU}$ und $y_{ROT} = y_{BLAU}$

2 Wir bestimmen den **Zeitpunkt des Überholens** grafisch im Koordinatensystem.

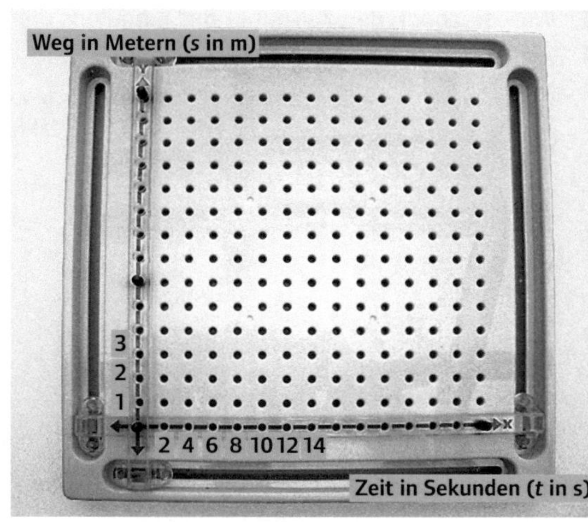

› Stecke die Graphen der beiden Funktionen auf dem Steckbrett *(TIPP 1)*.

Funktion I: ______________________

Funktion II: ______________________

› Zeichne die Graphen (Geraden) ein und beschrifte sie richtig mit **Auto BLAU** und **Auto ROT.**

› Gib die Koordinaten der Lösung (Schnittpunkt) der beiden Geraden an:

Lösung *L* (______ | ______)

› Schreibe drei Aussagen auf, die zu den Bewegungen und zum Überholen passen.

a

b

c

3 Formuliere eine kurze Antwort zu deiner Stundenfrage.

Blau vs. Rot: Eingeholt – Auf der Überholspur

1 Notiere die Stundenfrage.

____

____

____

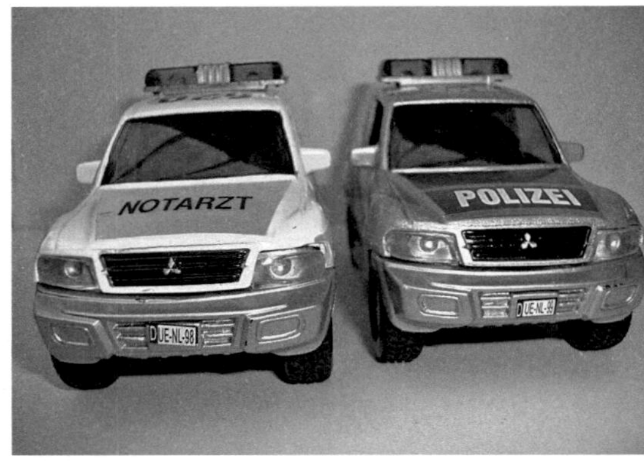

Für das Einholen gilt:
Auto ROT = Auto BLAU
$x_{ROT} = x_{BLAU}$ und $y_{ROT} = y_{BLAU}$

2 Wir berechnen den Zeitpunkt des Einholens durch Lösen des Gleichungssystems *(TIPP 2)*.

Rechenschritte	Beschreibung/Kommentar

3 Wir haben das Gleichungssystem (I Auto BLAU; II Auto ROT) experimentell (**a**), grafisch (**b**) und rechnerisch (**c**) gelöst.

› Notiere jeweils die Lösung aus den drei Verfahren.

a L_{exp}(______ | ______) **b** L_{graph}(______ | ______) **c** L_{rechn}(______ | ______)

› Vergleiche die Lösung des Gleichungssystems aus den drei Lösungsverfahren.

____

› Diskutiere mögliche Ursachen für Abweichungen.

____

____

› Begründe, welches Lösungsverfahren dein Favorit ist.

____

____

Toll

WANTED – Steckbriefe für Dreiecke

	Schülerexperiment
Thema	Dreiecke den Typen zuordnen, vermessen, die Flächen und Umfänge berechnen und mit einem Steckbrett modellieren
Materialien pro Gruppe	ein Lineal, ein Geodreieck, ein Taschenrechner, ein Funktionen-Steckbrett

WORUM GEHT ES – WAS WIRD DEUTLICH?

Verbindet man in einer Ebene drei Punkte, die nicht auf einer Geraden liegen, dann entsteht ein Dreieck.
Das Dreieck (auch Triangel, *lat. triangelum*) ist eine ebene Figur mit drei Eckpunkten und mit drei Seiten.
Die Summe der Innenwinkel beträgt 180°.

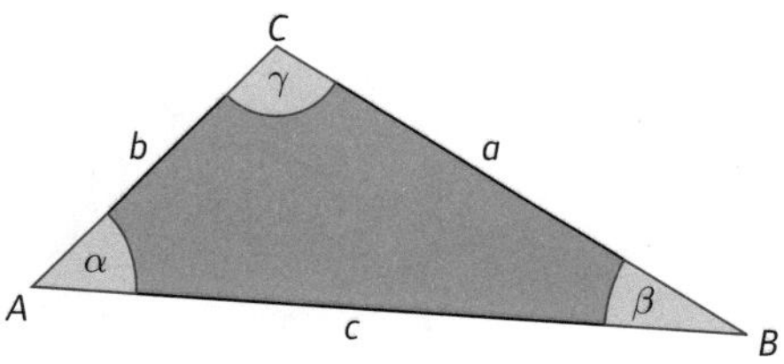

Ein **gleichseitiges Dreieck** hat drei gleich lange Seiten und jeder Innenwinkel ist 60° groß.
Ein **gleichschenkliges Dreieck** hat zwei gleich lange Seiten (Schenkel) und die beiden Winkel an der dritten Seite (Basis) sind gleich groß.
Ein **rechtwinkliges Dreieck** hat einen rechten Winkel (90°). Die längste Seite heißt Hypotenuse und die beiden anderen Seiten heißen Katheten.
Bei einem **spitzwinkligen Dreieck** sind alle drei Winkel kleiner als 90° (spitze Winkel sind < 90°).
Ein **stumpfwinkliges Dreieck** hat einen Winkel, der größer als 90° ist (stumpfe Winkel sind > 90°; < 180°).

WAS IST ZU TUN?

Die Schüler erhalten vier vorgegebene Dreiecke (MATERIAL) und fertigen zu ihnen Steckbriefe (KV 25) an:

- Der Dreieckstyp und die Eigenschaften
- Die Länge der Seiten (a, b, c) und der Höhe (h_c)
- Die Größe der Winkel (α, β, γ)?
- Der Flächeninhalt (A) und der Umfang (u)

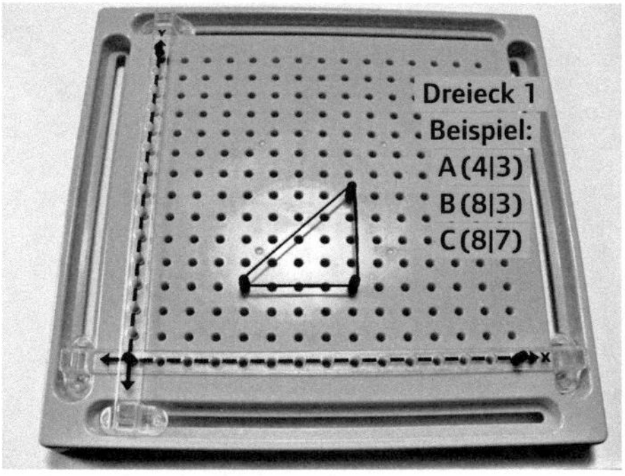

Die Dreiecke modellieren die Schüler anschließend (wenn möglich) mit einem Steckbrett (Bild rechts) und lesen die Koordinaten der Eckpunkte ab. *Hinweis:* Der Lochabstand ist eine Einheit. Für die Auswertung in der folgenden Stunde stellen Schüler die Steckbriefe vor und bearbeiten weitere Beispiele für Dreiecksformen aus der Umwelt (KV 26).

WIE KANN DIFFERENZIERT WERDEN?

- **NIVEAU 1:** Die Schüler erhalten als Vorlage Dreiecke mit den Angaben zu den zu messenden Längen und den erforderlichen Formeln für die Berechnungen (MATERIAL / Niveau 1). Bei extrem großen Problemen können die Schüler die vorgegeben Dreiecke auf die Kopiervorlage (KV 25) kleben.
- **NIVEAU 2:** Die Schüler arbeiten mit den Dreiecken ohne weitere Vorgaben (MATERIAL / Niveau 2a). Schüler, die die Dreieckskonstruktionen beherrschen, konstruieren die Dreiecke selbst (MATERIAL / Niveau 2b).
- **ZUSATZ 1:** Die Schüler übertragen die Dreiecksform in ein Koordinatensystem und lesen die exakten Koordinaten der Eckpunkte ab.
- **ZUSATZ 2:** Sie geben Koordinaten vor und die Schüler „stecken" die Dreiecke auf dem Steckbrett und fertigen Steckbriefe entsprechend der Vorlage (KV 25) an.

Niveau 1

1

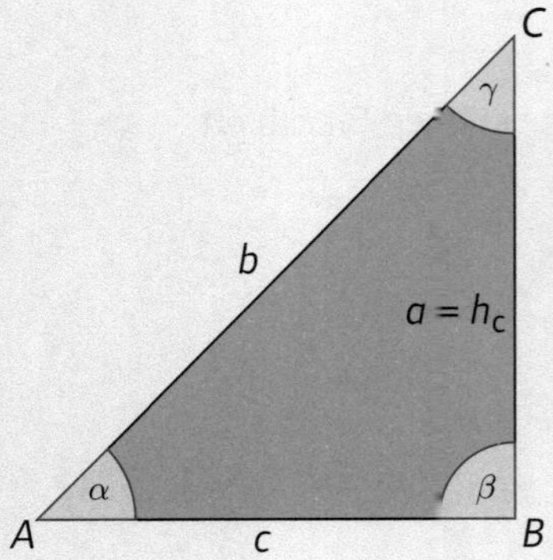

Flächeninhalt:

$$A = \frac{c \cdot h_c}{2}$$

Umfang:

$$u = a + b + c$$

2

Flächeninhalt:

$$A = \frac{c \cdot h_c}{2}$$

Umfang:

$$u = a + b + c$$

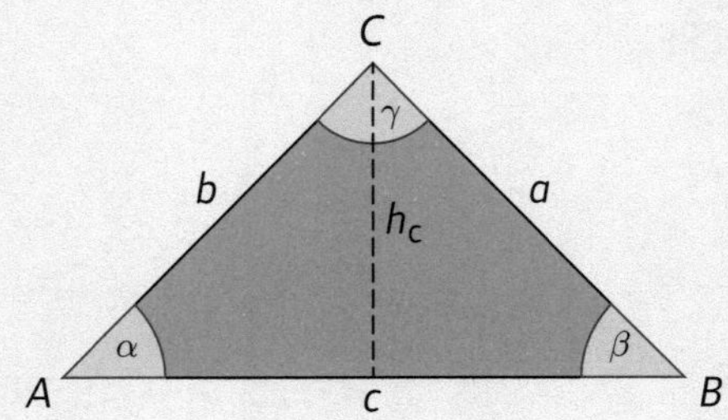

3

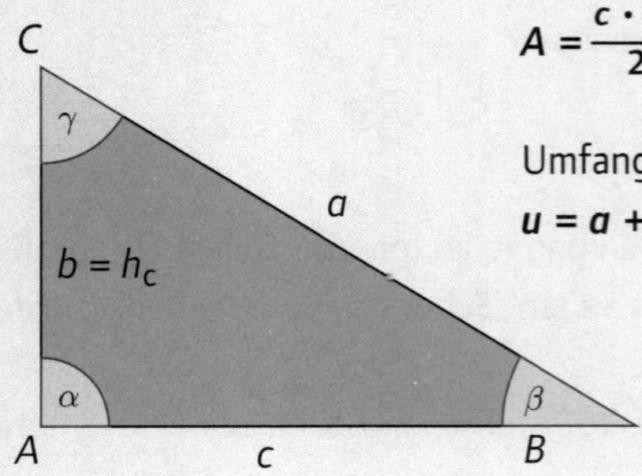

Flächeninhalt:

$$A = \frac{c \cdot h_c}{2}$$

Umfang:

$$u = a + b + c$$

4

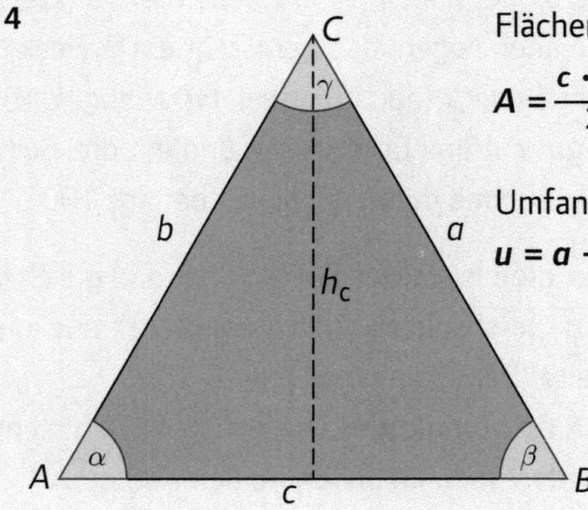

Flächeninhalt:

$$A = \frac{c \cdot h_c}{2}$$

Umfang:

$$u = a + b + c$$

Niveau 2a

1

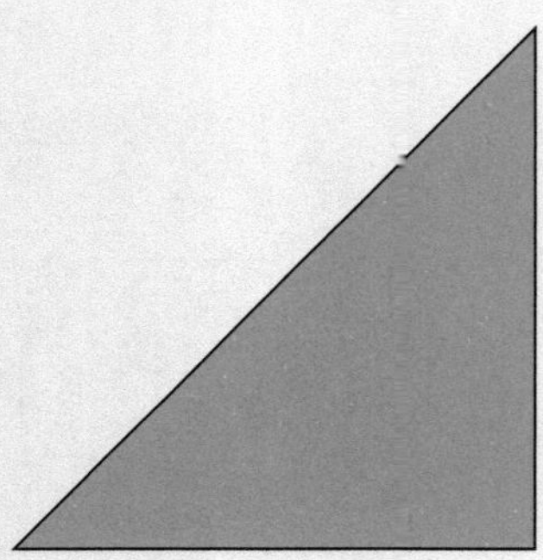

2

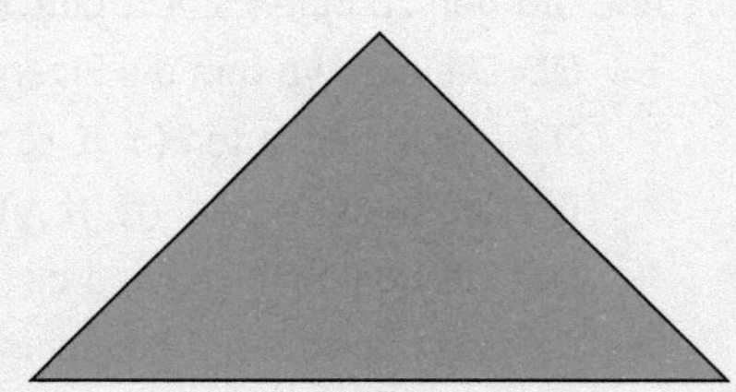

3

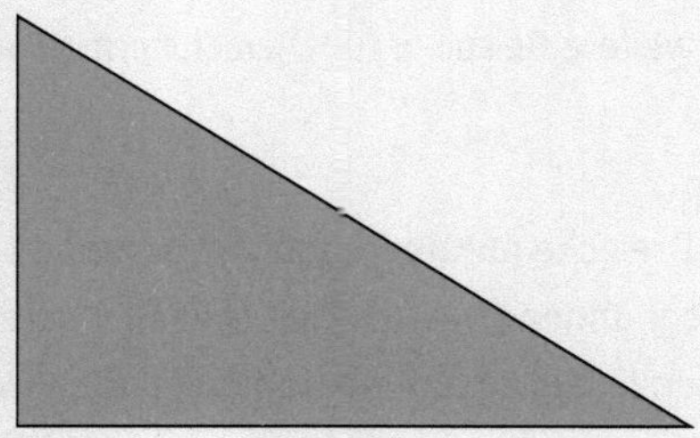

4

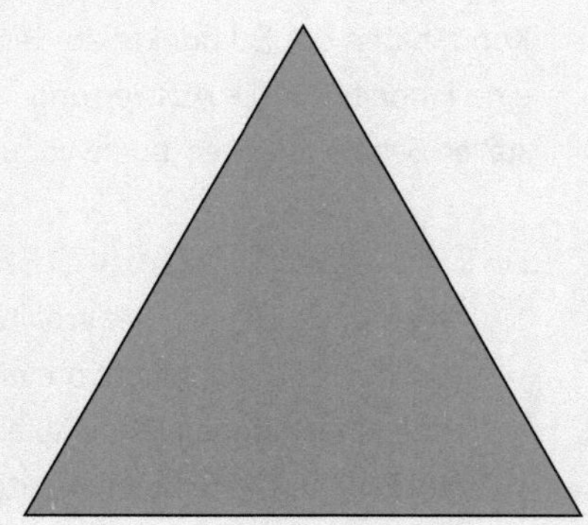

Niveau 2b

Dreieck 1: $a = c = 4\,\text{cm}$; $\alpha = 45°$

Dreieck 2: $c = 5\,\text{cm}$; $\alpha = \beta = 45°$

Dreieck 3: $c = 5\,\text{cm}$; $b = 3\,\text{cm}$; $\alpha = 90°$

Dreieck 4: $a = b = c = 5\,\text{cm}$

WANTED – Dreiecke gesucht!

- Übertrage oder konstruiere die vorgegebenen Dreiecke.
- Beschrifte die Eckpunkte (A, B und C), die Seiten (a, b und c) und die Winkel (α, β und γ).
- Zeichne die Höhe h_c ein.
- Ergänze für die Dreiecke die Angaben in den Steckbriefen.

1 Dreiecksart: ____________________

- Länge der Seitenkanten: ____________________
- Länge der Höhe h_c: ____________________
- Größe der Innenwinkel: ____________________
- Flächeninhalt: ____________________
- Umfang: ____________________

2 Dreiecksart: ____________________

- Länge der Seitenkanten: ____________________
- Länge der Höhe h_c: ____________________
- Größe der Innenwinkel: ____________________
- Flächeninhalt: ____________________
- Umfang: ____________________

3 Dreiecksart: ____________________

- Länge der Seitenkanten: ____________________
- Länge der Höhe h_c: ____________________
- Größe der Innenwinkel: ____________________
- Flächeninhalt: ____________________
- Umfang: ____________________

4 Dreiecksart: ____________________

- Länge der Seitenkanten: ____________________
- Länge der Höhe h_c: ____________________
- Größe der Innenwinkel: ____________________
- Flächeninhalt: ____________________
- Umfang: ____________________

Dreiecke – in unserer Umgebung

Recherchiere und notiere für die dargestellten Dreiecksformen jeweils 5 passende Informationen.

1 **Bezeichnung:** ______________________

a ______________________

b ______________________

c ______________________

d ______________________

e ______________________

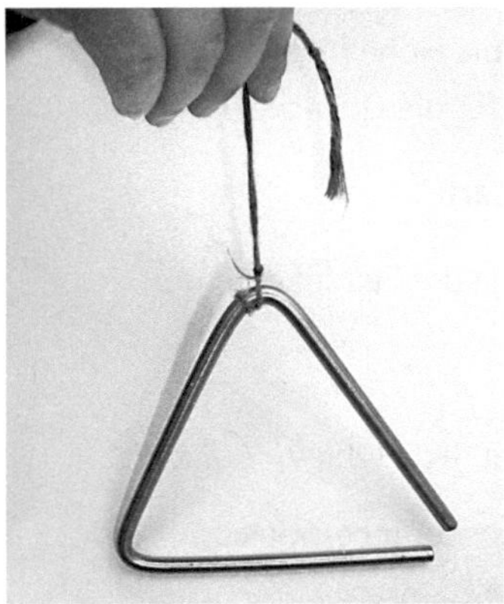

2 **Bezeichnung:** ______________________

a ______________________

b ______________________

c ______________________

d ______________________

e ______________________

3 **Bezeichnung:** ______________________

a ______________________

b ______________________

c ______________________

d ______________________

e ______________________

4 **Bezeichnung:** ______________________

a ______________________

b ______________________

c ______________________

d ______________________

e ______________________

Ein Vogelhaus – nur aus Vierecken

	Schülerexperiment und/oder Projekt
Thema	Vierecke den Typen zuordnen, vermessen, Flächen und Umfänge berechnen am Beispiel eines Vogelhauses
Materialien pro Gruppe	**Schülerexperiment:** ein Lineal, ein Geodreieck, zwei Scheren, Klebstoff, Bastelbögen und Pappe **Projekt:** ein Lineal, eine Sperrholzplatte (Größe siehe MATERIAL), eine Säge, ein Klebestift, Schleifpapier, diverse Farben

WORUM GEHT ES – WAS WIRD DEUTLICH?

Das Viereck (auch Tetragon) ist eine ebene Figur mit vier Eckpunkten, mit vier 4 Seiten und mit zwei Diagonalen. Die Summe der Innenwinkel beträgt 360°.
Ein **Parallelogramm** hat je zwei parallele gegenüberliegende Seiten.
Ein **Drachen** hat zwei senkrecht aufeinander stehende Diagonalen und zwei Paare gleich langer benachbarter Seiten.
Ein **Trapez** hat mindestens zwei parallele Seiten.
Eine **Raute** hat vier gleich lange Seiten. Die Diagonalen stehen senkrecht aufeinander und halbieren sich.
Ein **Rechteck** hat vier rechte Winkel und je zwei gegenüberliegende Seiten sind parallel und gleich lang.
Ein **Quadrat** hat vier rechte Winkel und vier gleich lange Seiten.

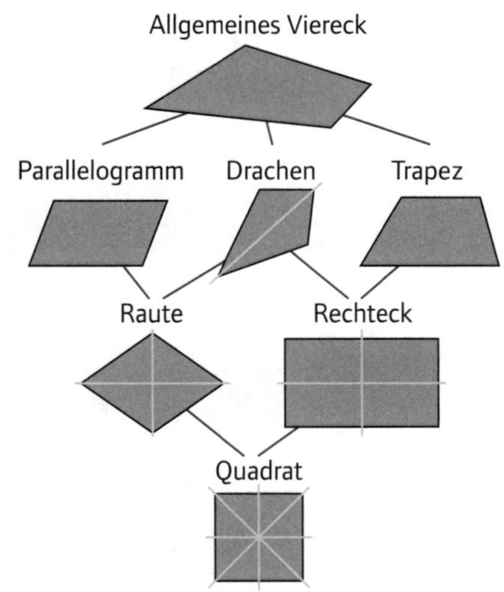

WAS IST ZU TUN?

Diese Unterrichtssequenz eignet sich für eine umfangreiche Zusammenfassung mit einer praktisch sinnvollen Zielstellung, bei der die Schüler hauptsächlich selbst und differenziert aktiv handeln. Pro Gruppe kopieren, vergrößern (DIN A4 → DIN A3) und kleben Sie jeweils zwei gleiche Vorlagen (MATERIAL) auf Pappe. Zuerst untersuchen die Schüler die vorgegeben Vierecke (KV 27):

› Zu welchem Typ gehört das Viereck?
› Wie lang sind die Seiten?
› Wie groß ist der Flächeninhalt?
› Wie groß ist der Umfang?
› Welche Eigenschaften hat das Viereck?

Modell: „Space-Bird"

Anschließend schneiden die Schüler die Vierecke mit den Klebefalzen aus und bauen daraus nach eigenen Vorstellungen ein Vogelhaus (Modell). Es sollen möglichst viele Teile verbaut und die Größe der Vierecke darf nicht verändert werden. In Kooperation mit dem Bereich Arbeitslehre/WAT können Sie den Bau eines funktionstüchtigen Vogelhauses beispielsweise aus Sperrholz innerhalb eines fachübergreifenden Projektes durchführen. Die kreativ gestalteten und ordentlich verarbeiteten Häuschen eignen sich für den Verkauf beim nächsten schulischen Event.

WIE KANN DIFFERENZIERT WERDEN?

› **NIVEAU 1:** Die Schüler erhalten als Vorlage die Vierecke mit den Angaben zu den zu messenden Längen und den erforderlichen Formeln für die Berechnungen (MATERIAL / Niveau 1).
› **NIVEAU 2:** Es werden nur die Vierecke vorgegeben (MATERIAL / Niveau 2).

MATERIAL VIERECKE FÜR EIN VOGELHAUS

(2 Kopien pro Gruppe)

NIVEAU 1

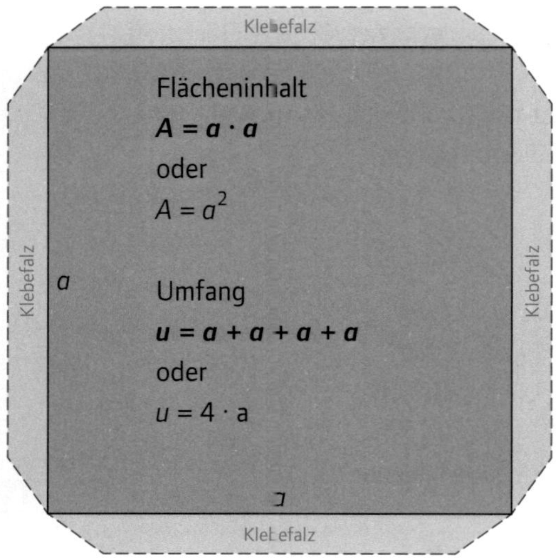

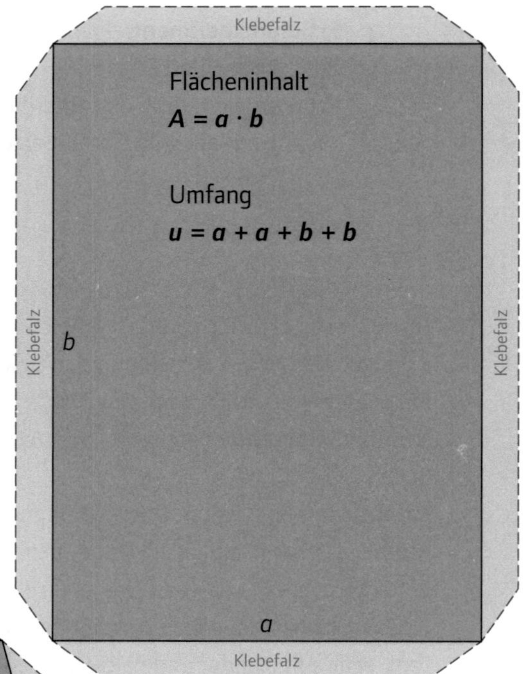

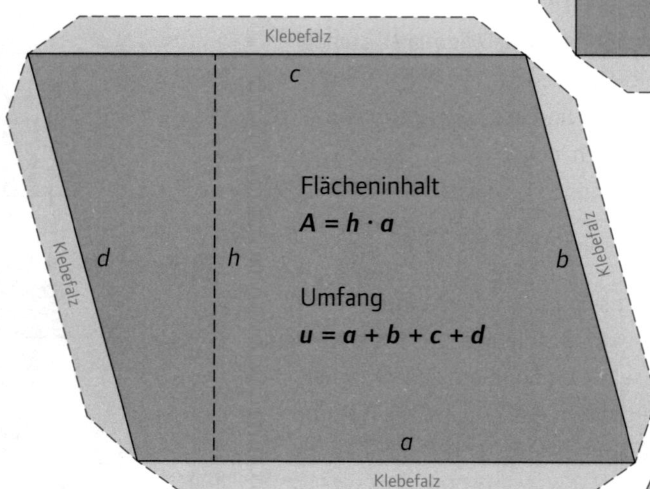

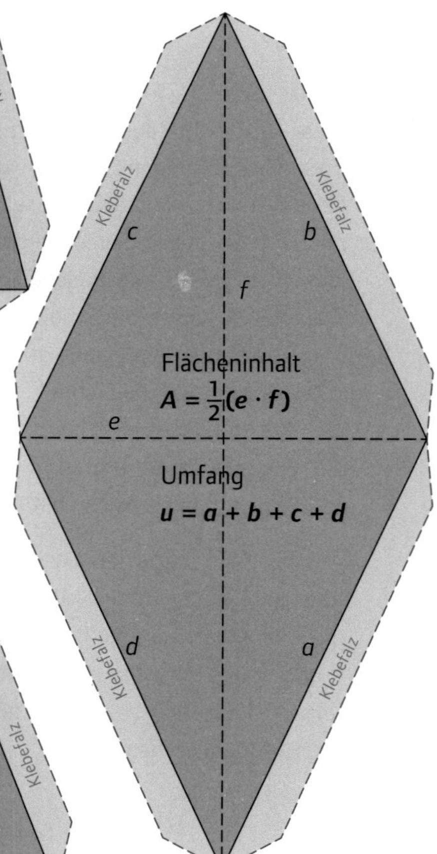

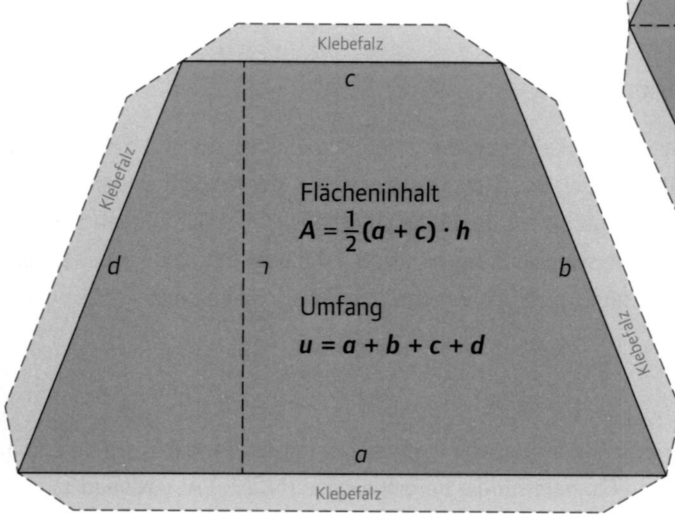

MATERIAL VIERECKE FÜR EIN VOGELHAUS

(2 Kopien pro Gruppe)

NIVEAU 2

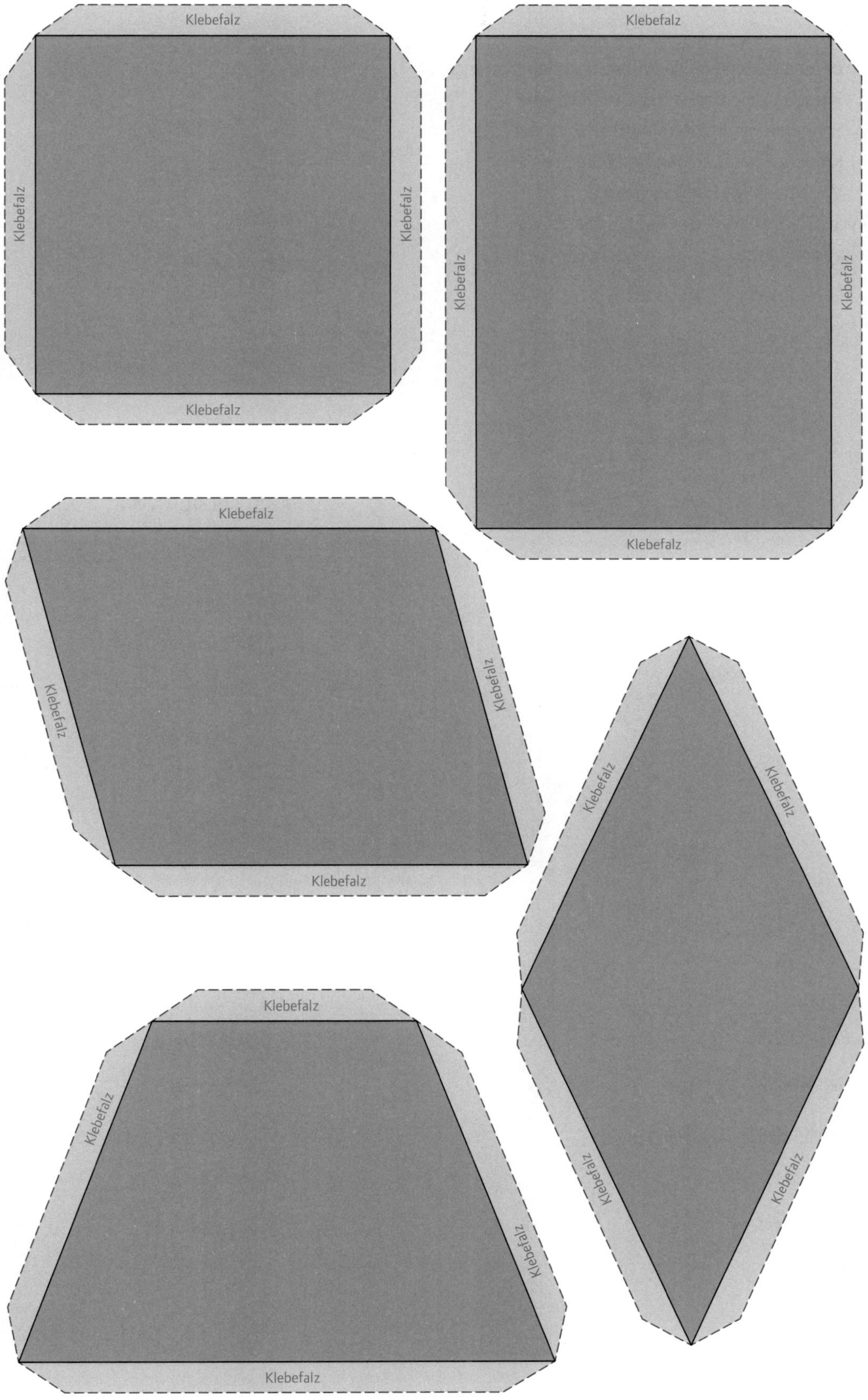

Name:

Klasse: Datum:

Vierecke

KV 27

Ein Vogelhaus – nur aus Vierecken

- Ordne die vorgegeben Figuren richtig zu.
- Miss die angegebenen Längen.
- Berechne den Flächeninhalt und den Umfang.
- Berechne die Größe der Gesamtfläche.
- Schneide die Figuren (MATERIAL) aus.
- Klebe sie nach deinen Vorstellungen zu einem Vogelhaus (Modell) zusammen.

HINWEIS: Die Größe der Figuren darfst du nicht verändern.

TRAPEZ

Höhe:

Seitenlängen:

Flächeninhalt:

Umfang:

Eigenschaften:

1

2

RAUTE

Seitenlängen:

Diagonalen:

Flächeninhalt:

Umfang:

Eigenschaften:

1

2

PARALLELOGRAMM

Höhe:

Seitenlängen:

Flächeninhalt:

Umfang:

Eigenschaften:

1

2

RECHTECK

Seitenlängen:

Flächeninhalt:

Umfang:

Eigenschaften:

1

2

QUADRAT

Seitenlänge:

Flächeninhalt:

Umfang:

Eigenschaften:

1

2

Gleichgewicht und Schwerpunkt

	Schülerexperimente, Demonstrationen und ein Lernspiel
Thema	Den Schwerpunkt unterschiedlicher Körper experimentell und geometrisch bestimmen
Materialien	A Homogene stabförmige Körper (Lineal, Stifte, Äste, Kerzen …), Farbstifte oder Klebepunkte (z. B. rote, gelbe und grüne), Pappe, Schere B Stabförmige, nicht homogene Körper (Besen, Hammer, Zeigestock …); homogene Dreiecke und Vierecke auf Pappe, diverse Konstruktionsmaterialien, Farbstifte oder Klebepunkte (z. B. rote, gelbe und grüne) C ein Papierflieger (DIN-A4-Blatt, Schere), eine Stoppuhr, ein Taschenrechner

WORUM GEHT ES – WAS WIRD DEUTLICH?

Der Schwerpunkt ist genau die Stelle, die ein waagerechtes Balancieren eines Körpers ermöglicht. Der geometrische Schwerpunkt ist bei homogen aufgebauten Körpern auch sein Massenschwerpunkt bzw. sein so genanntes *Gravizentrum*. Experimentell lassen sich Schwerpunkte durch Balancieren finden und mathematisch durch Verfahren der Integrationsrechnung. Bei homogenen Flächen bildet der Schnittpunkt der Seitenhalbierenden den Schwerpunkt. Im täglichen Leben sorgt die richtige Lage des Schwerpunktes dafür, dass Körper stabil im Gleichgewicht bleiben und nicht umkippen.

WAS IST ZU TUN?

A Als Einführung und zur Motivierung empfiehlt sich ein kurzes Video (z. B. http://www.prosieben.de/tv/galileo/videos/6198-fail-physik-schwerpunkt-clip).
Anschließend bestimmen die Schüler die Schwerpunkte homogener stabförmiger Körper. Ausgehend von einer Vermutung – diese Stelle sollte z. B. mit einem Klebepunkt versehen werden – bestimmen die Schüler den Schwerpunkt durch Balancieren im Gleichgewicht beispielsweise auf einem Finger. Für die geometrische Lösung ist lediglich der Mittelpunkt **a) durch Messen oder b) durch Konstruieren** der Seitenhalbierenden zu ermitteln (KV 28).

B Zu Beginn der folgenden Stunde bestimmen die Schüler gemeinsam als Demonstration die Schwerpunkte geeigneter nicht homogener Körper (Besen, Hammer, Zeigestock usw.). Auch bei diesen Experimenten sollten im Vorfeld die vermuteten Stellen mit Klebepunkten fixiert werden. Informieren Sie die Schüler unbedingt über die Möglichkeit, auch bei diesen Körpern den Schwerpunkt über teilweise sehr komplizierte Verfahren berechnen zu können. Nach dieser eindrucksvollen Motivation geht es an die Bestimmung der Schwerpunkte von Dreiecken und Vierecken (KV 29). *Hinweis:* Sie können dazu die Figuren auf den Seiten 46 und 51 verwenden, die Sie möglichst vergrößern, auf Pappe kleben und ausschneiden.

C Einen eindrucksvollen Abschluss bilden die Untersuchungen zum Schwerpunkt und zur Größe der Tragflächen bei einem möglichst selbstgebauten Papierflieger im Rahmen eines Lernspiels (KV 30).

WIE KANN DIFFERENZIERT WERDEN?

› **NIVEAU 1:** Der Schwerpunkt eines Dreiecks ist der Schnittpunkt der Seitenhalbierenden. Verbinde jeweils den Mittelpunkt der Seite mit dem gegenüberliegenden Eckpunkt. Da der Schwerpunkt auf jeder einzelnen Seitenhalbierenden liegen muss, befindet er sich genau in ihrem Schnittpunkt, denn nur hier liegt er auf allen drei Seitenhalbierenden gleichzeitig.

› **ZUSATZ:** Die Schüler schneiden Vielecke aus Pappe aus und bestimmen experimentell und geometrisch den Schwerpunkt.

Name:		Schwerpunkt (stabförmige Körper)
Klasse:	Datum:	

KV 28

Der richtige Schwerpunkt gibt Gleichgewicht

VORBEREITUNG

› Beschreibe eine Situation, in der du schon einmal das Gleichgewicht verloren hast.

› Vermute, wo sich der Schwerpunkt dieser Körper befinden könnte und markiere ihn mit einem Kreuz.

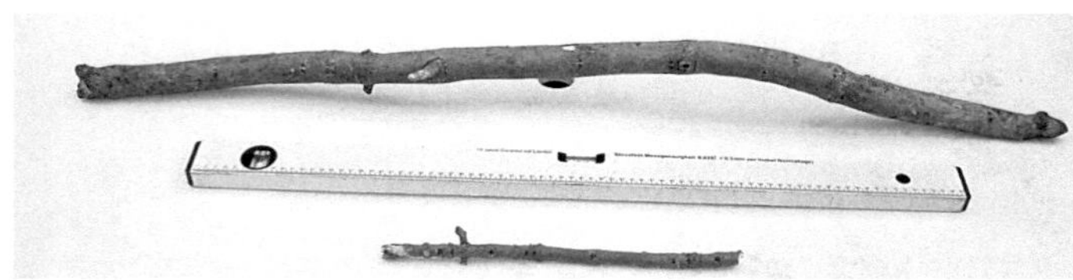

› Wie könnte man den Schwerpunkt dieser Körper praktisch ermitteln?

DURCHFÜHRUNG

› Markiere am Körper die Stelle des vermuteten Schwerpunkts.
› Ermittle nun den Schwerpunkt durch Balancieren und markiere ihn.
› Woran erkennt man, dass man den Schwerpunkt gefunden hat?

› Vergleiche deine Vermutung mit dem Versuchsergebnis.

AUSWERTUNG

› Ergänze den Merksatz:
Der Schwerpunkt stabförmiger Körper mit gleichförmiger Masseverteilung liegt

› Zeichne auf Pappe Streifen:
a 2 cm breit und 14 cm lang
b 2 cm breit und 21 cm lang

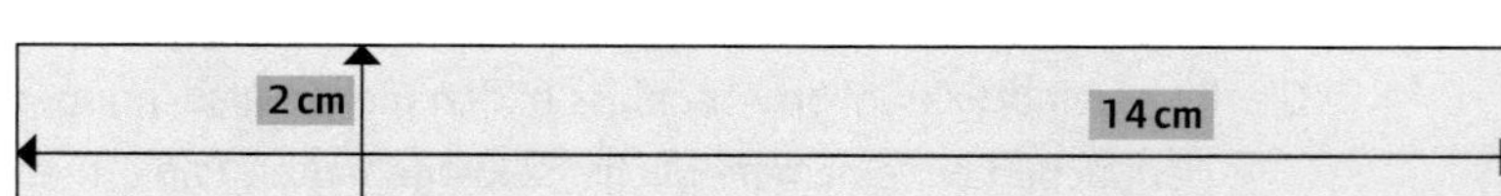

› Bestimme mit einem Zirkel die Schwerpunkte dieser Streifen.
› Schneide die Streifen aus und überprüfe experimentell, ob die von dir konstruierten Schwerpunkte richtig liegen.
› Warum klappt diese Methode nicht für einen Besen?

Name:		Schwerpunkt
Klasse:	Datum:	

KV 29

Den Schwerpunkt geometrisch und experimentell bestimmen

VORBEREITUNG

- Zeichne in die Figuren an der Stelle ein Kreuz ein, wo du den Schwerpunkt vermutest.
- Bestimme den Schwerpunkt der Figuren geometrisch durch Konstruktion der Seitenhalbierenden.

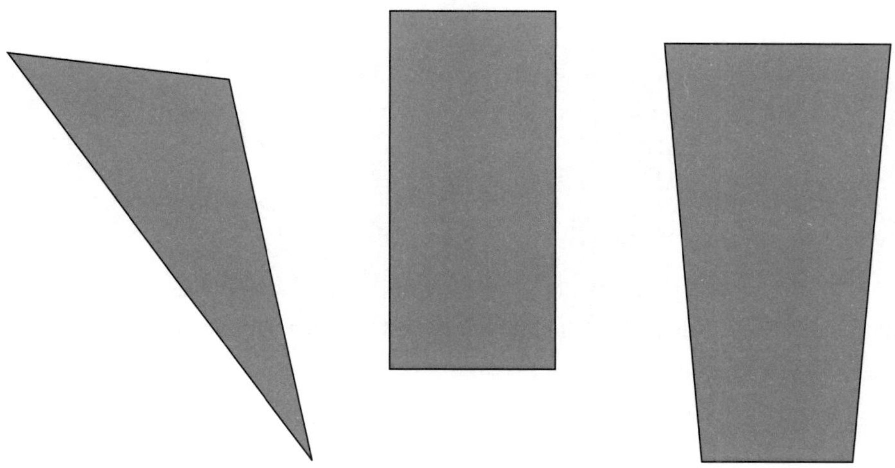

DURCHFÜHRUNG – ROT – GELB – GRÜN

Führe folgende Untersuchungen für die vorgegebenen Figuren durch.

- **ROT:** Markiere mit einem roten Farbpunkt den vermuteten Schwerpunkt.
- **GELB:** Konstruiere den Schwerpunkt als Schnittpunkt der Seitenhalbierenden und markiere ihn mit einem gelben Farbpunkt.
- Klebe die Figuren auf Pappe und schneide sie aus.
- **GRÜN:** Bestimme den Schwerpunkt experimentell durch Balancieren und markiere den Schwerpunkt mit einem grünen Farbpunkt.

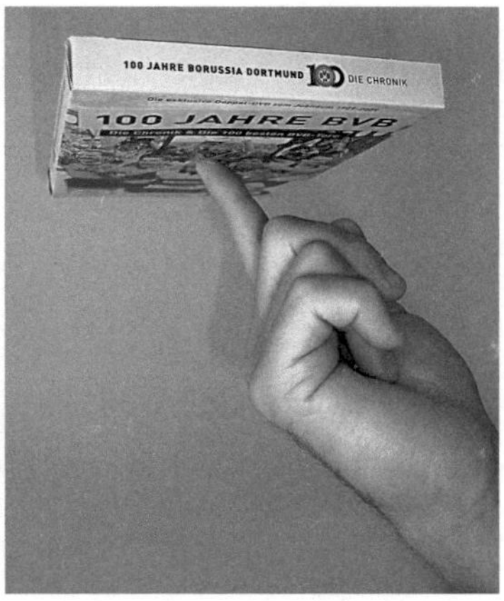

AUSWERTUNG

- Vergleiche die Lage der drei Farbpunkte.
  ROT – Vermutung; **GELB** – Konstruktion; **GRÜN** – Experiment

____

____

____

Name:		Flugtest für Papierflieger
Klasse:	Datum:	

KV 30

Wer hält sich am längsten in der Luft?

VORBEREITUNG

› Wo (A, B, C, D oder E) vermutest du den Schwerpunkt des Gleiters. Begründe deine Entscheidung.

____

____

____

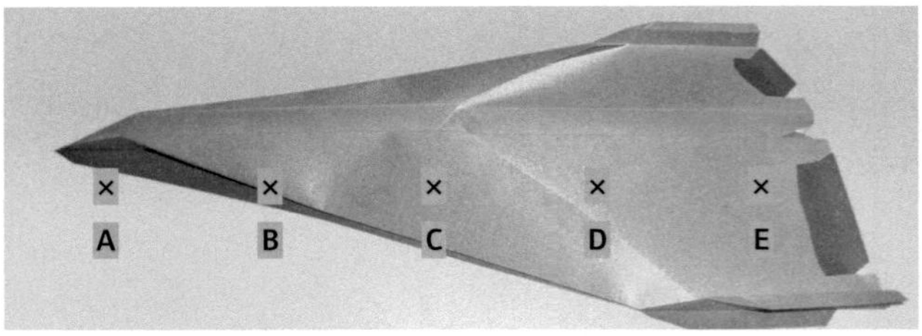

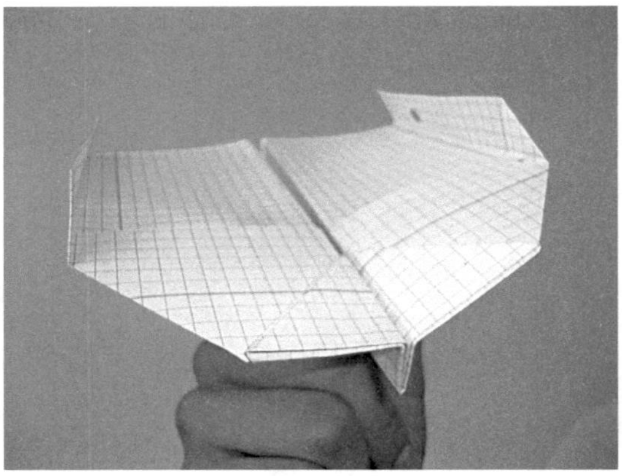

› Baue mit einem DIN-A4-Blatt einen Papierflieger. *TIPP:* Im Internet findest du Bauanleitungen.

DURCHFÜHRUNG

› Bestimme am fertigen Papiergleiter den Schwerpunkt experimentell.

› Beschreibe die Lage des Schwerpunktes.

____

› Skizziere dein Flugzeug und zeichne den ermittelten Schwerpunkt deutlich ein.

› Stoppt eure Flugzeiten. Jeder hat 3 Versuche.

Skizze:

AUSWERTUNG

› Wie lange ist dein Papiergleiter geflogen?

1. Flugversuch: ____________	2. Flugversuch: ____________	3. Flugversuch: ____________

› Aus welchen geometrischen Figuren setzt sich dein Papiergleiter zusammen?

____

› Berechne die gesamte Größe der Tragflächen.

› Zeichne zuerst eine Planfigur der Tragflächen.

Planfigur:

____

____

____

Was haben Bäume mit Pi zu tun?

	Schülerexperimente
Thema	Die **Kreiszahl Pi** näherungsweise experimentell bestimmen und für die Vorhersage des Durchmessers eines Kreises nutzen
Materialien	**A** möglichst viele unterschiedliche Körper (große und kleine) mit kreisförmigen Flächen (Teller, Tassen, Geldmünzen usw.)
Materialien pro Gruppe	**A** ein Zirkel, ein Maßband, ein Lineal und ein Taschenrechner **B** drei transportable „Baumstämme"
Sicherheitshinweis	**A** Beim Umgang mit Körpern aus Glas besteht Verletzungsgefahr durch Splitter.

WORUM GEHT ES – WAS WIRD DEUTLICH?

Mit der Lage des Mittelpunktes und der Länge des Radius ist ein Kreis eindeutig definiert und konstruierbar. Den Zusammenhang zwischen dem Umfang und dem Durchmesser eines Kreises wird mit der Konstanten Pi beschrieben, die schon im Altertum mit teils erstaunlicher Genauigkeit *(Babylonier: Pi = 3; Ägypter: Pi = 3,1605)* nachweisbar ist. 1739 verwendete LEONHARD EULER als Erster für die Kreiszahl Pi den griechischen Buchstaben π. Pi ist eine unendliche und nicht periodische Dezimalzahl, also nicht als Bruch in der Form $\frac{a}{b}$ (a, b $\in \mathbb{Z}$) darstellbar. JOHANN HEINRICH LAMBERT zeigte 1769, dass die Zahl Pi zum Bereich der irrationalen Zahlen (I) gehört. Ir**ratio**nal meint hier nicht die fehlende Vernunft sondern das unmögliche Verhältnis! Mit modernen Computern kann Pi heutzutage auf viele Millionen Stellen nach dem Komma bestimmt werden.

WAS IST ZU TUN?

A Besorgen Sie möglichst viele Körper mit kreisförmigen Flächen und legen Sie diese z. B. auf dem Lehrertisch gut zugänglich bereit. Die Gruppen können sich entsprechend ihrem Arbeitstempo nacheinander mit Körpern selbstständig bedienen und die Messungen für den Umfang und den Durchmesser vornehmen.

TIPP: Falls die Möglichkeit besteht, können auch größere Kreisflächen im Schulhaus, in der Turnhalle und auf dem Schulhof in die Untersuchungen einbezogen werden.

Innerhalb der Auswertung bilden die Schüler den Quotienten aus dem Umfang und dem Durchmesser und nähern sich so dem Wert 3,14… (KV 31). In der Regel erkennen einige Schüler bereits während der Berechnungen, dass dieser Wert etwas mit der Kreiszahl Pi zu tun hat. Als Ergänzung bietet sich eine Internetrecherche auch über die Historie der Kreiszahl Pi an (KV 32).

B Die experimentell gewonnenen Erkenntnisse hinsichtlich der Kreiszahl Pi nutzen die Schüler, um mit dem gemessenen Umfang den Durchmesser zu berechnen, ihn anschließend zu messen (KV 33) und ihn mit dem berechneten Wert zu vergleichen. Die Untersuchungen werden an Beispielen durchgeführt, die „normalerweise" nicht praktisch gemessen werden können, bei einem Baum beispielsweise, der noch nicht gefällt werden soll. Als Modell tun es hier auch handliche und gut transportierbare Baumstämmchen.

WIE KANN DIFFERENZIERT WERDEN?

Die Differenzierung ergibt sich automatisch durch die Anzahl der bearbeiteten Kreisflächen.

Name:		Die Kreiszahl π
Klasse:	Datum:	

KV 31

Eine „verrückte" Zahl?

VORBEREITUNG

› Zeichne einen Kreis mit einem Durchmesser von 5 Zentimetern.
› Verdeutliche am Kreis den Durchmesser, den Radius und den Umfang.
› Streiche die falschen Aussagen zum Kreis durch.

1 Der Durchmesser ist das Doppelte vom Radius.
2 Der Durchmesser ist die Hälfte vom Radius.
3 Es gilt: $d = 2 \cdot r$.
4 Es gilt: $d = r : 2$.
5 Es gilt: $2d = 4r$.
6 Der Umfang ist immer größer als der Radius.

+M

DURCHFÜHRUNG

› Miss den Umfang der Kreisflächen mit einem Maßband und den Durchmesser mit einem Lineal.
TIPP: Den Umfang kannst du auch mit einer Schnur und einem Lineal messen.

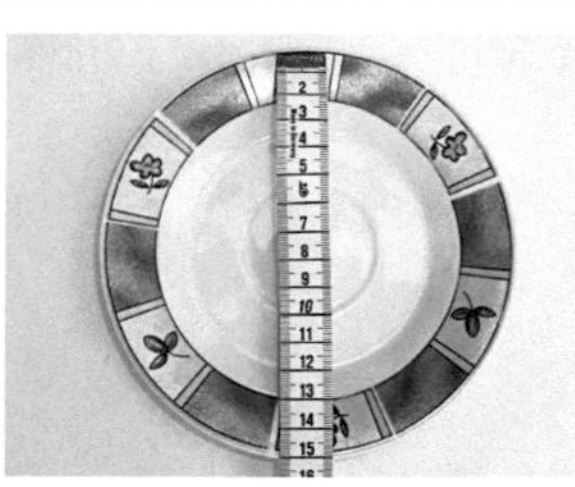

Körper mit Kreisfläche	Umfang u	Durchmesser d	Rechne u dividiert durch d
			≈
			≈
			≈
			≈
			≈
			≈
			≈
			≈

AUSWERTUNG

› Berechne mit einem Taschenrechner für jede Kreisform den Quotienten: Dividiere den Umfang durch den Durchmesser.
› Runde das Ergebnis auf zwei Stellen nach dem Komma und schreibe die Ergebnisse in die Tabelle.
› Vergleiche die Ergebnisse für die unterschiedlichen Kreise.
Was stellst du fest?

____

› Bilde von allen Quotienten den Durchschnitt. ____________

› Welche Zahl hast du näherungsweise ermittelt? ____________

Nicht verrückt und kein Verhältnis?

1 Recherchiere und notiere passende Stichwörter zum Thema **„Die Kreiszahl Pi"** als Übersicht.

2 Wähle drei Stichwörter aus deiner Übersicht aus und formuliere jeweils eine Aussage.

a ______________________________

b ______________________________

c ______________________________

3 Unterteile den Zahlenstrahl und kennzeichne die Zahl Pi möglichst genau auf dem Zahlenstrahl.

4 Schreibe möglichst viele Ziffern nach dem Komma für die Zahl π auf.

3,

5 Was könnte mit der Überschrift **„Nicht verrückt und kein Verhältnis!"** gemeint sein?

____

Name:		Die Kreiszahl π
Klasse:	Datum:	

KV 33

Wie groß ist der Durchmesser?

VORBEREITUNG

Der Sage nach pflanzte die wunderschöne Irmtrud diese Eiche vor 1000 Jahren. Die Eiche sollte ihrem auserwählten Ritter in der Schlacht gegen die Barbaren Glück bringen. Schaut man genau hin, sieht man noch heute das Gesicht der Irmtrud an einer Astgabelung der TAUSENJÄHRIGEN EICHE.

› In welchem Jahr soll die Eiche gepflanzt worden sein?

____

› Schätze den Durchmesser am unteren Teil dieser Eiche.

____

› Beschreibe, wie man den Durchmesser des Baumes praktisch ermitteln könnte, ohne ihn zu zerstören.

____

____

DURCHFÜHRUNG

› Miss den Umfang der Kreisfläche mit einem Bandmaß und schätze den Durchmesser.

	Umfang u gemessen	Durchmesser d geschätzt	berechnet: $d = u : \pi$	Abweichung berechnen
1				
2				
3				

AUSWERTUNG

› Berechne den Durchmesser der Kreisfläche und gib die Abweichung zum Schätzwert an.
TIPP: Die Abweichung berechnest du so: Schätzwert – Rechenwert = Abweichung

› Die Tausendjährige Eiche hat einen Umfang von 8,38 Metern. Berechne ihren Durchmesser.

Formel: ____________________

Werte einsetzen: ____________________

Ergebnis: ____________________

Antwortsatz: ____________________

› Wie groß ist die Abweichung zwischen dem Ergebnis und dem geschätzten Durchmesser?

____

Der Würfel

	Lernstationen
Thema	Der Würfel: Volumen, Oberfläche, Masse, Dichte (Stoff) und vielfältige Anwendungen
Materialien	Station 1: **Anwendungen:** diverse Verpackungen in Würfelform, zwei Lineale Station 2: **Volumen I:** drei verschiedene Verpackungen in Würfelform, zwei Lineale, ein Taschenrechner oder ein Smartphone Station 3: **Volumen II:** drei verschiedene Würfel (oben offen), ein Messbecher, ein mit Wasser gefüllter Eimer (ca. 5 Liter) oder eine Wasserquelle Station 4: **Oberfläche:** drei verschiedene Würfel, zwei Lineale Station 5: **Masse und Stoff:** drei verschiedene Würfel (kompakt aus Holz, Plastik, Metall ...), eine Waage, eine Tabelle „Dichte von festen Stoffen" (MATERIAL) Station 6: **Netze I:** zwei Scheren, Klebstoff, Bastelbogen „Netze von Würfeln" (MATERIAL), ein Geodreieck, ein Lineal Station 7: **Netze II:** kleinkariertes Papier, zwei Bleistifte, zwei Lineale, zwei Scheren, Klebstoff, ein Taschenrechner oder ein Smartphone Station 8: **Steckmodell:** Plasteline, eine Packung Trinkröhrchen, eine Schere, ein Winkelmesser (Geodreieck), ein Lineal, ein Taschenrechner, ein Fotoapparat oder ein Smartphone

WORUM GEHT ES – WAS WIRD DEUTLICH?

Das Wort Würfel leitet sich vom Wort „werfen" beim Würfelspiel ab. Würfel verfügen über 6 quadratisch kongruente Begrenzungsflächen, 12 gleich lange Seitenkanten und 8 Ecken. Die sich berührenden Kanten bilden einen rechten Winkel. Die Größe eines Würfels ist durch die Angabe der Kantenlänge a festgelegt.

Volumen	Mantelfläche	Oberfläche	Masse
$V = a \cdot a \cdot a = a^3$	$A_{Mantel} = 4 \cdot a \cdot a = 4a^2$	$A = 6 \cdot a \cdot a = 6a^2$	$\rho = m : V \rightarrow m = \rho \cdot V$

WAS IST ZU TUN?

Sie benötigen ca. 18 unterschiedliche Körper bzw. Verpackungen in Würfelform. Die Schüler üben an Stationen (STATIONSKARTEN) das Messen der Länge der Körperkanten und das Berechnen des Volumens, der Oberfläche und der Masse von Würfeln aus dem täglichen Leben. Sie können das Angebot nach ihren speziellen Unterrichtsbedingungen kürzen oder erweitern. Für die Durchführung und Auswertung halten die Schüler wichtige Beobachtungen, Ergebnisse und Messwerte im Protokoll (KV 34) fest. Achten Sie auf die genauen Angaben zu den benötigten Würfeln auf den STATIONSKARTEN.

WIE KANN DIFFERENZIERT WERDEN?

- **NIVEAU 1:** Bei der Durchführung bearbeiten die Schüler **jeweils nur einen Würfel.**
- **NIVEAU 2:** Die Schüler bearbeiten an mehreren/allen Stationen **2 bis 3 Würfel.**
- **ZUSATZ:** Die Schüler untersuchen weitere Anwendungen für Würfel (KV 35).

TIPP UND MATERIAL WÜRFEL

Tipp

Die Dichte kennzeichnet den Stoff, aus dem ein Körper besteht.

- Formelzeichen: ρ (sprich „roh") Einheit: g/cm^3
- So berechnest du die Dichte: $\boldsymbol{\rho = m : V}$.
  (Dichte ist gleich Masse dividiert durch Volumen)
- Kennst du den Stoff und das Volumen eines Körpers, kannst du seine Masse so berechnen:
  $m = \rho \cdot V$
  Eine Auswahl von Stoffen findest du in der folgenden Tabelle.

Stoff	Dichte
Holz, Kork	0,4 bis 0,8 g/cm^3
Stahl	ca. 7,8 g/cm^3
Glas	2,5 bis 2,6 g/cm^3
Wachs, Stearin	ca. 0,95 g/cm^3
Aluminium	ca. 2,7 g/cm^3

Stoff	Dichte
Kupfer	8,9 g/cm^3
Plastik, Kunststoffe	1,1 bis 1,2 g/cm^3
Stein (Granit)	2,8 g/cm^3
Gips	2,3 g/cm^3
Messing	8,1 bis 8,7 g/cm^3

Material

DREI aus SECHS
Würfelnetze

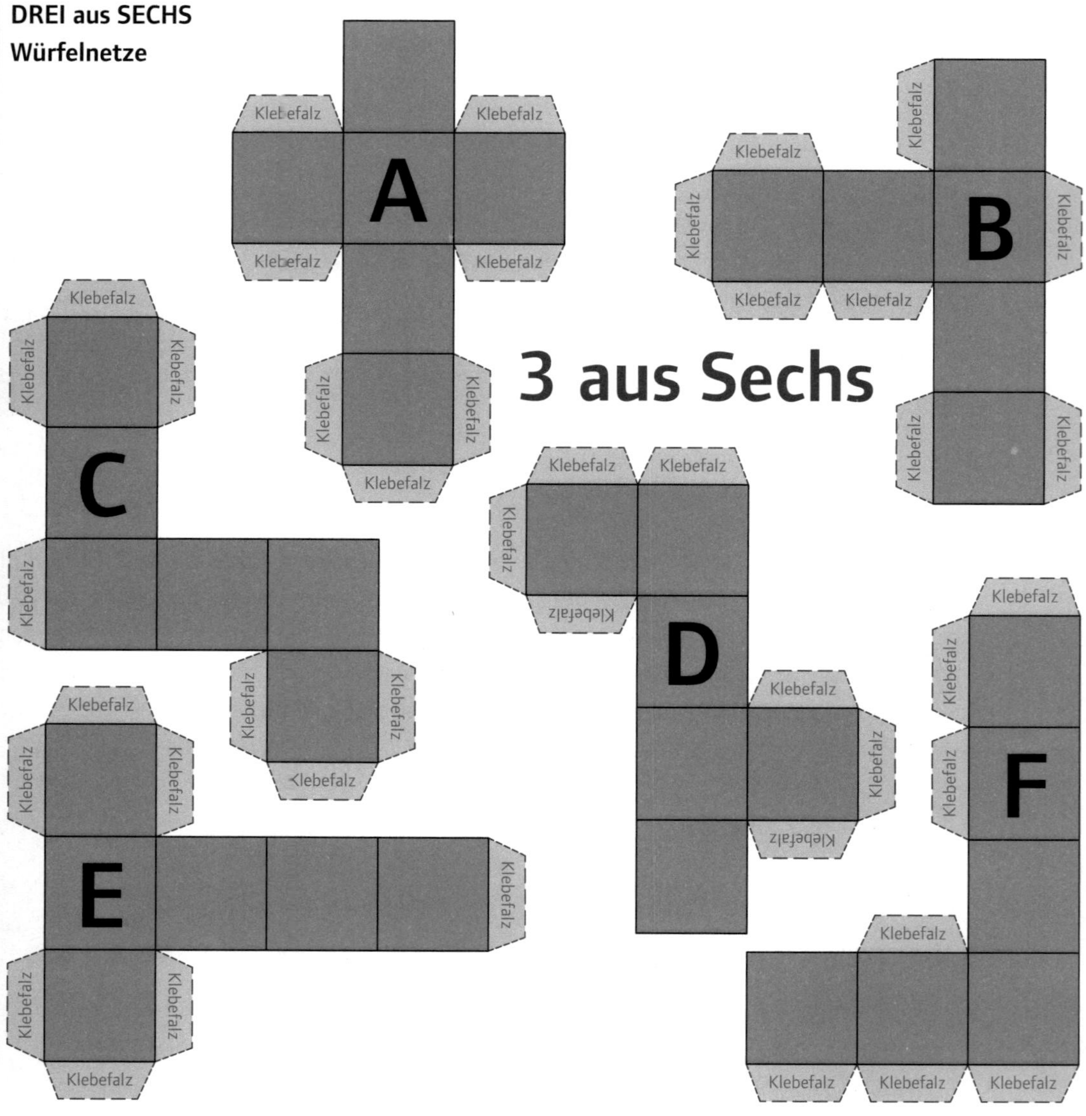

STATIONSKARTEN DER WÜRFEL

1 Würfel – Anwendungen

- Werte die vorgegebenen Verpackungen aus.
- Miss die Kantenlängen.
- Suche auf den Körpern bzw. den Verpackungen Angaben zur Masse und/oder zum Volumen.
- Schreibe die Werte auf.

Material: Verschiedene Körper und Verpackungen in Würfelform, Lineale

2 Würfel – Volumen I

- Miss von den Körpern die Längen der Seitenkanten.
- Berechne das Volumen der Körper.
- Schreibe die Werte auf.

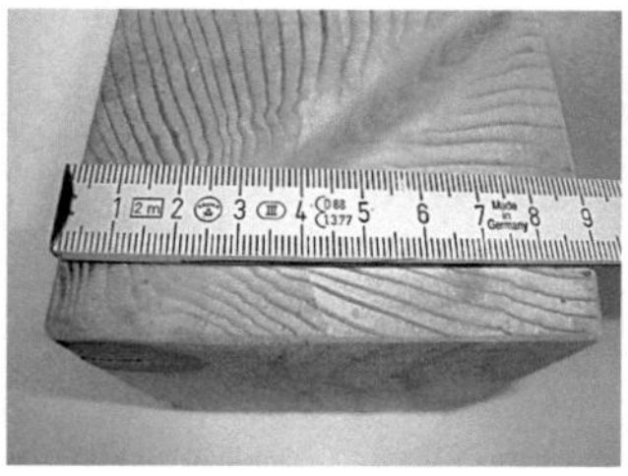

Material: 3 Würfel, Lineale, Taschenrechner

3 Würfel – Volumen II

- Fülle die Würfel vorsichtig mit Wasser.
- Gieße das Wasser jeweils in einen Messbecher.
- Lies die Werte ab und schreibe sie in die Tabelle.
- Miss die Kantenlänge und berechne das Volumen.
  TIPP: $1\ \text{ml} = 1\ \text{cm}^3$

Material: 3 (oben offene) Würfel, Messbecher, Wasser

4 Würfel – Oberfläche

- Miss von den Körpern die Längen der Seitenkanten.
- Berechne die Oberflächen.
- Schreibe die Werte auf.

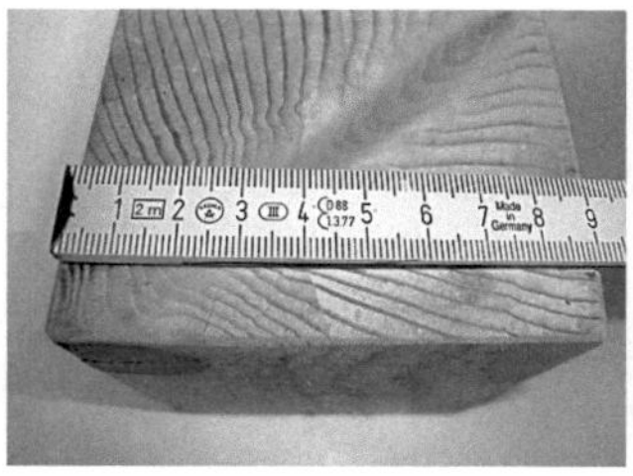

Material: 3 Würfel, Lineale, Taschenrechner

5 Würfel – Masse und Stoff

- Bestimme durch Wiegen die Masse der Würfel.
- Berechne mit den vorgegeben Volumina die Dichte *(TIPP)*.
- Bestimme mit der Übersicht *(TIPP)* den Stoff (das Material).
- Schreibe die Werte auf.

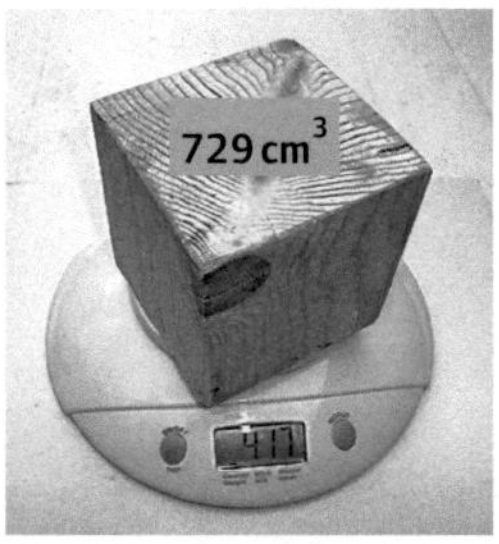

Material: 3 kompakte Würfel, eine Waage, Taschenrechner

6 Würfel – DREI aus SECHS (Netze I)

- Wähle die drei richtigen Würfelnetze aus.
- Schneide sie aus.
- Baue die Würfel zusammen.

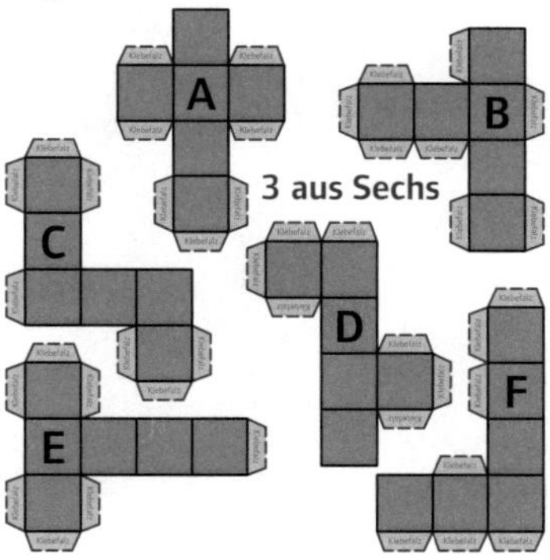

Material: Bastelbogen, Schere, Klebstoff

7 Würfel – Netze II

- Zeichne das Netz eines Würfels mit der Kantenlänge von $a = 4\,\text{cm}$ und mit Klebefalzen.
  Zusatz für schnelle Baumeister: $a = 3{,}5\,\text{cm}$.
- Schneide das Netz aus und baue den Würfel zusammen.
- Berechne das Volumen.

Material: kleinkariertes Papier, Schere, Klebstoff, Taschenrechner

8 Würfel – Steckmodell

- Baue mit den vorgegeben Materialien ein Würfelmodell mit der Kantenlänge $a = 5\,\text{cm}$.
  Zusatz für schnelle Baumeister: $a = 7{,}5\,\text{cm}$.
- Überprüfe die Länge der Kanten und die Größe der Winkel.

Material: Plasteline („Knete“), Trinkröhrchen, Geodreieck, Lineal

Name:	Würfel
Klasse: Datum:	

KV 34

Würfel

DURCHFÜHRUNG/AUSWERTUNG

- Führe die Experimente (STATIONSKARTEN) gemeinsam mit deinem Partner durch.
- Schreibe deine Beobachtungen und Ergebnisse für jede Station in die Tabelle.

Stationen	Beobachtungen und Ereignisse

1 Anwendung

Bezeichnung	Kantenlänge	Volumen und Masse

2 Volumen I

Bezeichnung	Kantenlänge	Volumen

3 Volumen II

Bezeichnung	Volumen gemessen	Volumen berechnet

Vergleiche das gemessene mit dem berechneten Volumen.

____

4 Oberfläche

Bezeichnung	Kantenlänge	Oberfläche

5 Masse

Bezeichnung	Masse	Dichte	Stoff

6 Netze I

Welche Netze waren richtig? ____

7 Netze II

Das Volumen beträgt: ____

Fotografiere deinen Würfel. Klebe das Bild auf die Rückseite des Protokolls.

8 Steckmodell

Die Winkel betragen: ____

Fotografiere dein Modell. Klebe das Bild auf die Rückseite des Protokolls.

Würfel – in unserer Umgebung

› Ordne die folgenden Angaben den passenden würfelförmigen Körpern zu.

$A = 6a^2 = 486\,cm^2$	z. B. vor Australien	Rüben	20 cm bis 30 cm
$V = a^3 = 216\,cm^3$	Holz	Würfelqualle (Seewespe)	Türstopper
$a = 6\,cm$	$A = 5a^2 = 180\,cm^2$	Quader	$a = 9\,cm$
$V = a^3 = 729\,cm^3$	Rückstoß	Glas und Luft	starkes Nervengift

1 **Bezeichnung:** ______

Länge der Seitenkanten: ______

Material (Stoff): ______

Volumen: ______

Oberfläche: ______

2 **Bezeichnung:** ______

geometrische Form: ______

Woraus wird er hergestellt? ______

3 **Bezeichnung:** *Dekorationsvase*

Material: ______

Volumen: ______

Oberfläche: ______

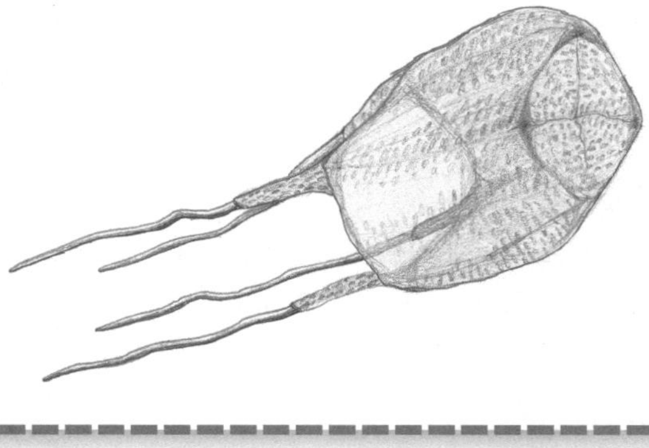

4 **Bezeichnung:** ______

Größe des Schirms: ______

Vorkommen: ______

Giftart: ______

Fortbewegung: ______

Der Quader

	Lernstationen
Thema	Der Quader: das Volumen, die Oberfläche, die Masse, die Dichte (Stoff) und vielfältige Anwendungen
Materialien	Station 1: **Anwendungen:** drei Verpackungen in Quaderform, zwei Lineale Station 2: **Volumen I:** drei verschiedene Verpackungen in Quaderform, zwei Lineale, ein Taschenrechner oder ein Smartphone Station 3: **Volumen II:** drei verschiedene Quader (oben offen), ein Messbecher, ein mit Wasser gefüllter Eimer (ca. 5 Liter) oder eine Wasserquelle Station 4: **Oberfläche:** drei verschiedene Quader, zwei Lineale Station 5: **Masse und Stoff:** drei verschiedene Quader (kompakt aus Holz, Plastik, Metall ...), eine Waage, eine Tabelle „Dichte von festen Stoffen" (MATERIAL) Station 6: **Netze I:** zwei Scheren, Klebstoff, Bastelbogen „Netze von Quadern" (MATERIAL), ein Geodreieck, ein Lineal Station 7: **Netze II:** kleinkariertes Papier, zwei Bleistifte, zwei Lineale, zwei Scheren, Klebstoff, ein Taschenrechner oder ein Smartphone Station 8: **Steckmodell:** Plasteline, eine Packung Trinkröhrchen, eine Schere, ein Winkelmesser (Geodreieck), ein Lineal, ein Taschenrechner, ein Fotoapparat oder ein Smartphone

WORUM GEHT ES – WAS WIRD DEUTLICH?

Das Wort Quader leitet sich vom mittelhochdeutschen Wort „Quaderstein" aus dem Bereich des Bauwesens ab. Quader verfügen über jeweils drei parallel liegende kongruente Begrenzungsflächen. Sich berührende Kanten stehen senkrecht aufeinander. Die Größe eines Quaders ist durch die Angabe der Kantenlängen für die Breite a, die Tiefe b und die Höhe c festgelegt.

Volumen V	Mantelfläche A_M
$V = a \cdot b \cdot c$ (Breite, Tiefe, Höhe)	$A_M = 2bc + 2ac$
Oberfläche A	**Masse m**
$A = 2ab + 2bc + 2ac$ $= 2 \cdot (ab + bc + ac)$	$\rho = m : V \rightarrow m = \rho \cdot V$

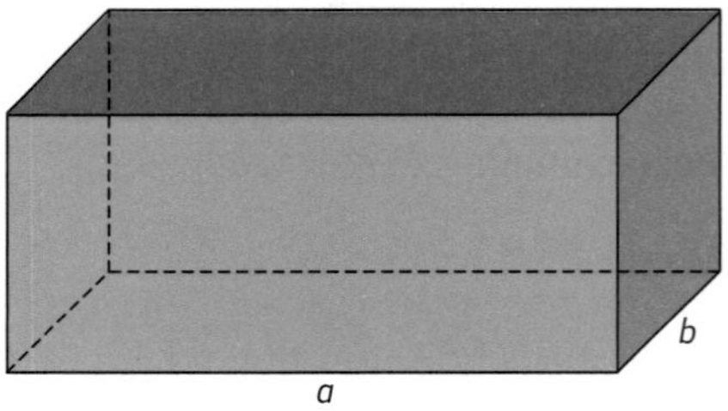

WAS IST ZU TUN?

Sie benötigen ca. 18 unterschiedliche Körper bzw. Verpackungen in Quaderform. Achten Sie auf die genauen Angaben zu den benötigten Quadern auf den STATIONSKARTEN.

Die Schüler üben an Stationen (STATIONSKARTEN) das Messen der Längen der Körperkanten und das Berechnen des Volumens, der Oberfläche und sie messen die Masse von Quadern aus dem täglichen Leben. Sie können das Angebot an Stationen nach ihren speziellen Unterrichtsbedingungen und zeitlichen Möglichkeiten kürzen oder erweitern. Für die Durchführung und Auswertung halten die Schüler wichtige Beobachtungen, Ergebnisse und Messwerte im Protokoll (KV 36) fest.

WIE KANN DIFFERENZIERT WERDEN?

› **NIVEAU 1:** Bei der Durchführung bearbeiten die Schüler **jeweils nur einen Quader.**
› **NIVEAU 2:** Die Schüler bearbeiten an mehreren/allen Stationen **2 bis 3 Quader.**
› **ZUSATZ:** Weitere Anwendungen für Quader untersuchen die Schüler selbstständig (KV 37).

Material DREI aus SECHS Quadernetze

3 aus Sechs

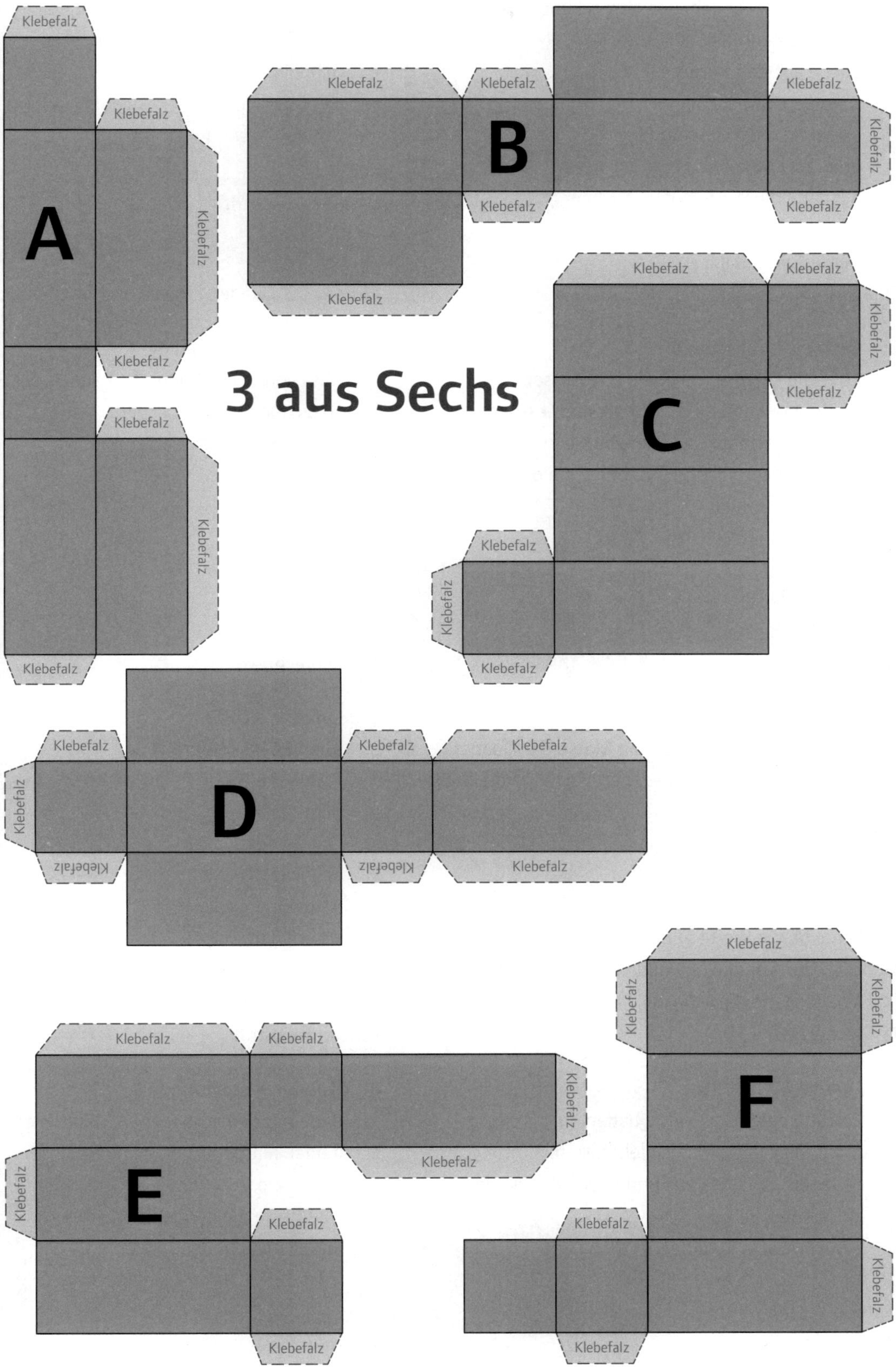

STATIONSKARTEN DER QUADER

1 Quader - Anwendungen

- Werte die vorgegebenen Verpackungen aus.
- Miss die Kantenlängen.
- Suche auf den Körpern bzw. den Verpackungen Angaben zur Masse und/ oder zum Volumen.
- Schreibe die Werte auf.

Material: Verschiedene Körper und Verpackungen in Quaderform, Lineale

2 Quader – Volumen I

- Miss von den Körpern die Längen der Seitenkanten.
- Berechne das Volumen der Körper.
- Schreibe die Werte auf.

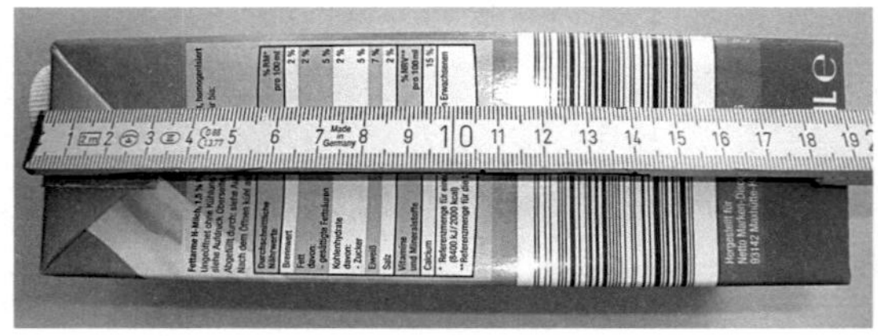

Material: 3 Quader, Lineale und Taschenrechner

3 Quader – Volumen II

- Fülle die Quader vorsichtig mit Wasser.
- Gieße das Wasser jeweils in einen Messbecher.
- Lies die Werte ab und schreibe sie in die Tabelle.
- Miss die Kantenlänge und berechne das Volumen.

  TIPP: $1\text{ ml} = 1\text{ cm}^3$

Material: drei (oben offene) Quader, Messbecher, Wasser

4 Quader – Oberfläche

- Miss von den Körpern die Längen der Seitenkanten.
- Berechne die Oberflächen.
- Schreibe die Werte auf.

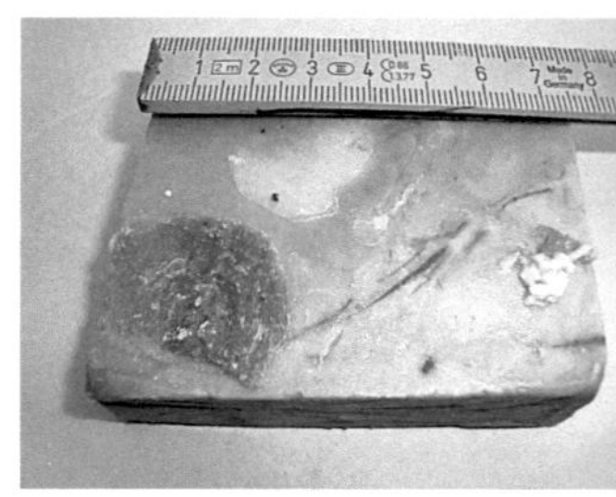

Material: drei Quader, Lineale, Taschenrechner

5 Quader – Masse und Stoff

- Bestimme durch Wiegen die Masse der Quader.
- Berechne mit den vorgegeben Volumina die Dichte *(TIPP)*.
- Bestimme mit der Übersicht *(TIPP)* den Stoff (das Material).
- Schreibe die Werte auf.

Material: drei kompakte Quader (mit Volumenangabe), Waage, Taschenrechner

6 Quader – DREI aus SECHS (Netze I)

- Wähle die drei richtigen Quadernetze aus.
- Schneide sie aus.
- Baue die Quader zusammen.

Material: Bastelbogen, Schere, Klebstoff

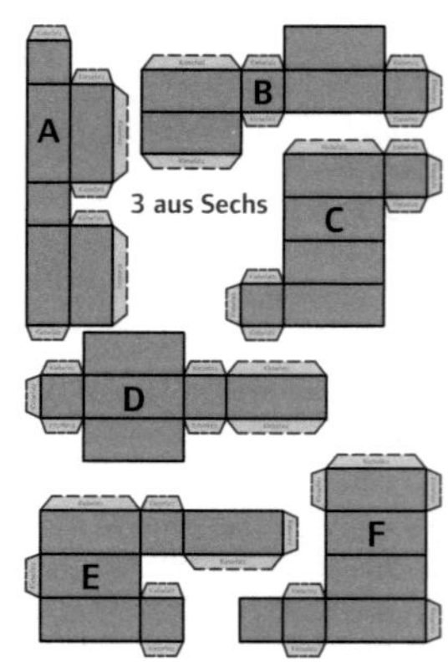

7 Quader – Netze II

- Zeichne das Netz eines Quaders ($a = 4\,\text{cm}$, $b = 2\,\text{cm}$, $c = 3\,\text{cm}$) mit Klebefalzen
- Schneide das Netz aus und baue den Quader zusammen.
- Berechne sein Volumen.

Material: kleinkariertes Papier, Schere, Klebstoff, Taschenrechner

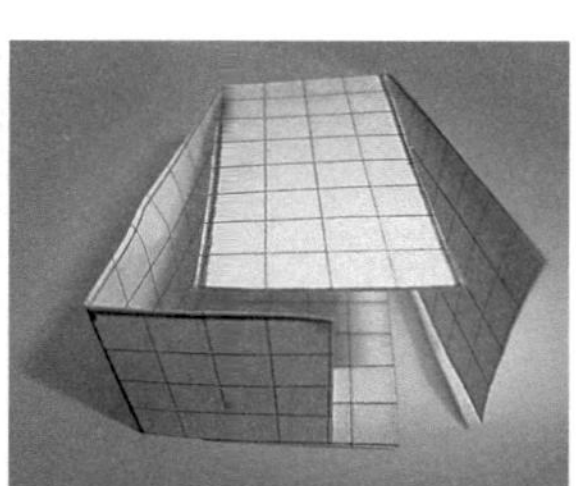

8 Quader – Steckmodell

- Baue mit den vorgegeben Materialien ein Quadermodell mit den Abmessungen: $a = 10\,\text{cm}$, $b = 4\,\text{cm}$, $c = 6\,\text{cm}$.
- Überprüfe die Länge der Kanten und die Größe der Winkel.

Material: Plasteline („Knete"), Trinkröhrchen, Geodreieck, Lineal

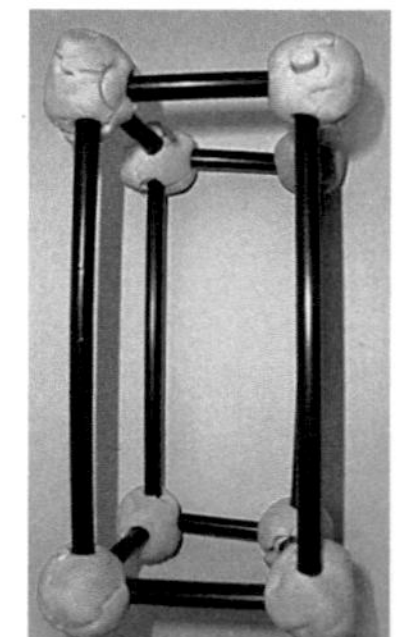

Name: | Quader | KV 36

Klasse: | Datum:

Quader

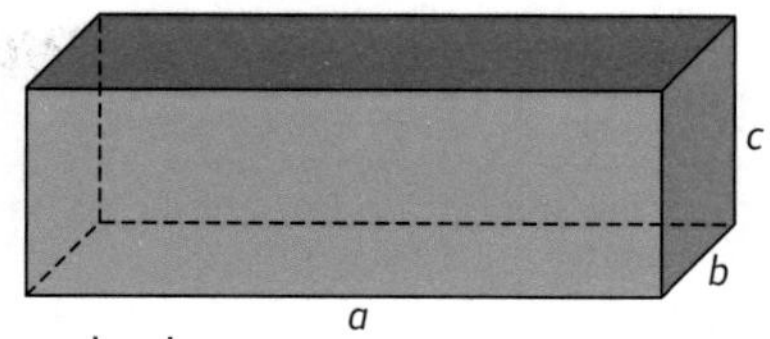

DURCHFÜHRUNG/AUSWERTUNG

› Führe die Experimente (STATIONSKARTEN) gemeinsam mit deinem Partner durch.
› Schreibe deine Beobachtungen und Ergebnisse für jede Station in die Tabelle.

Stationen	Beobachtungen und Ereignisse

1 Anwendung

Bezeichnung	Kantenlänge	Volumen und Masse

2 Volumen I

Bezeichnung	Kantenlänge	Volumen

3 Volumen II

Bezeichnung	Volumen gemessen	Volumen berechnet

Vergleiche das gemessene mit dem berechneten Volumen.

____

4 Oberfläche

Bezeichnung	Kantenlänge	Oberfläche

5 Masse

Bezeichnung	Masse	Dichte	Stoff

6 Netze I

Welche Netze waren richtig? ______________________________

7 Netze II

Das Volumen beträgt: ______________________________

Fotografiere deinen Quader. Klebe das Bild auf die Rückseite des Protokolls.

8 Steckmodell

Die Winkel betragen: ______________________________

Fotografiere dein Modell. Klebe das Bild auf die Rückseite des Protokolls.

Name:		Quader	KV 37
Klasse:	Datum:		

Quader – in unserer Umwelt

› Ordne die folgenden Angaben den passenden quaderförmigen Körpern zu.

Brieftransport	30 cm × 15 cm × 15 cm	Postbox	Streichholzschachtel
z. B. im Korallenriff	$6\,750\,cm^3$	Kofferfisch	ca. $20\,dm^3$
Feuer machen	Vierkantbohle	ca. 2,5 kg	0,4 bis $0{,}8\,g/cm^3$
gelb	Holz	53 cm × 35 cm × 11 cm	40 cm × 25 cm × 27 cm
6 cm × 6 cm × 1,20 m	$4{,}32\,dm^3$	Würmer	$85\,cm^2$

1 **Bezeichnung:** ______________________

Verwendung: ______________________

Länge der Seitenkanten: ______________________

Farbe: ______________________

Volumen: ______________________

2 **Hallo, ich bin ein** ______________________

Größe: ______________________

Vorkommen: ______________________

Volumen: ______________________

Nahrung: ______________________

3 **Bezeichnung:** ______________________

Verwendung: ______________________

Volumen: ______________________

Reibfläche: ______________________

4 **Bezeichnung:** ______________________

Material: ______________________

Abmessungen: ______________________

Volumen: ______________________

Dichte: ______________________

Masse: ______________________

Stresstest für Pappkartons und Umzugshelfer

	Lernspiel und Demonstration
Themen	**A** Umzugskartons nach einer Anleitung zusammenbauen, räumliches Vorstellungsvermögen **B** Belastungstest für einen quaderförmigen Karton: Volumen, Oberfläche, Masse und Gewichtskraft
Materialien	**A** Lernspiel: drei gleiche Umzugskartons mit einer aufgedruckten Aufbauanleitung, eine Stoppuhr oder ein Smartphone **B** Demonstration: ein Umzugskarton (Belastung 30 kg), mehrere Massekörper (z. B. Steine und/oder Bücher), ein Zollstock, eine Waage, eine Trägerkonstruktion (z. B. ein Brett, das durch die Handöffnungen passt und zwei Tische zum Auflegen des Brettes)
Sicherheitshinweise	**B** Die Trägerkonstruktion muss stabil und rutschsicher aufgebaut werden. Personen dürfen den Karton während des Experimentes nicht halten und sich nicht darunter aufhalten.

WORUM GEHT ES – WAS WIRD DEUTLICH?

Kartons gibt es in unzähligen Varianten und Größen. Sie werden sehr häufig als universelle Verpackung für den Transport und die Lagerung von Gütern eingesetzt. Kartonagen bestehen häufig aus stabiler Well-Pappe. Übrigens verbraucht jeder Bundesbürger im Schnitt 50 bis 60 kg Wellpappe pro Jahr. Von der geometrischen Form her gehören Kartons zu den Quadern und ein bekannter „Vertreter" ist der Umzugskarton. Auf diesen Kartons finden Sie Angaben zur Belastung in Kilogramm (kgs – das s steht für Angaben der Masse im Plural) und Pfund *(Lb lat. libra = Pfund)*.

WAS IST ZU TUN?

A Als lustige Vorbereitung des Experimentes können die Schüler Umzugskartons als **Lernspiel** zusammen bauen. Mehrere Schüler treten gegeneinander an. So könnte die Aufgabenverteilung aussehen:

- Die *Spieler* bauen einen Karton zusammen.
- Der *Materialverantwortliche* sorgt dafür, dass die Kartons im Ausgangszustand bereit liegen.
- Der *Starter* gibt das Startkommando bzw. Startsignal.
- Die *Zeitnehmer* messen die Zeit vom Startsignal bis der Wettkämpfer „FERTIG" ruft.
- Die *Qualitätsprüfer* entscheiden, ob die Kartons korrekt zusammengebaut sind.
- Der *Schreiber* notiert auf einer Namensliste die Zeiten.

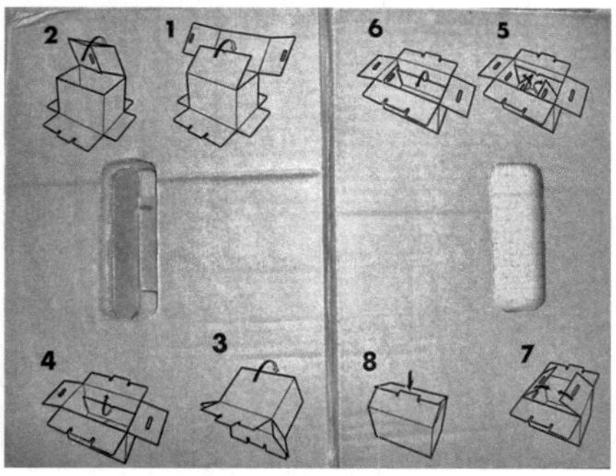

Entsprechend dem Engagement Ihrer Schüler, der zur Verfügung stehenden Materialien und der vorhandenen Zeit können Sie mehrere Durchgänge durchführen lassen.

B Für das **Demonstrationsexperiment** bauen Sie gemeinsam mit den Schülern die Versuchsanordnung auf (KV 38). Um den Karton (maximale Belastung 30 kg) bis zu einer Belastung von ca. 25 kg relativ einfach zu füllen, können sie schwere Steine verwenden. Die Schüler wiegen diese Steine und auch die weiteren Körper (z. B. Bücher) und packen sie solange in den Karton, bis er nachgibt.

WIE KANN DIFFERENZIERT WERDEN?

- **NIVEAU 1:** Die Schüler führen das Lernspiel in Partnerarbeit durch.

Was halten Kartons wirklich aus?

VORBEREITUNG

› Bearbeite den Steckbrief für deinen Karton.

› Verwendung: __________

› Material: __________

› Abmessungen (Breite × Tiefe × Höhe): __________

› Volumen: __________

› Maximal zulässige Masse: __________

DURCHFÜHRUNG

› Notiere die Ziffern für die Versuchsdurchführung in der richtigen Reihenfolge.

1 Warte eine Minute.
2 Lege den ersten Massekörper in den Karton.
3 Stelle die Konstruktion auf den Tischen ab.
4 Lege weitere Körper in den Karton.
5 Wiege den ersten Massekörper.
6 Stelle 2 Tische parallel zueinander auf.
7 Wiege den nächsten Körper.
8 Führe ein Brett durch die Fingeröffnungen.

Reihenfolge für die Versuchsdurchführung								

› Schreibe für jeden „Belastungskörper" die Masse (das Gewicht) auf.

AUSWERTUNG

› Ab welcher Masse sah man die ersten deutlichen Verformungen? __________

› Bei welcher Masse ist der Karton zerstört worden? __________

› Beschreibe, was mit dem Karton bei Überlast genau passiert ist?

____

› Schätze die Angabe auf dem Karton zur Belastbarkeit ein.

____

Gut verpackt – als Kreiszylinder

	Schülerexperiment
Thema	Der gerade Kreiszylinder: Volumen, Oberfläche, Masse, Dichte (Stoff) und vielfältige Anwendungen
Materialien pro Gruppe	ein Körper (als gerader Kreiszylinder verpackt), ein Bandmaß, ein Lineal, eine Waage, ein Taschenrechner
Sicherheitshinweis	Beim Umgang mit Körpern aus Glas besteht Verletzungsgefahr durch Splitter.

WORUM GEHT ES – WAS WIRD DEUTLICH?

Der gerade **Kreiszylinder** (Zylinder (altgr.) = *wälzen* oder *rollen*) besteht aus zwei kongruenten, zueinander parallel liegenden Kreisflächen (Grund- und Deckfläche). Durch das Abwickeln der Mantelfläche erhält man ein Rechteck.

Durchmesser *d*	**Mantelfläche A_M**
$d = 2 \cdot r$	$A_M = u \cdot h = 2 \cdot \pi \cdot r \cdot h$
Grundfläche A_G	**Volumen *V***
$A_G = \pi \cdot r^2$	$V = \pi \cdot r^2 \cdot h$
Oberfläche *A*	**Dichte ρ und Masse *m***
$A = 2 \cdot \pi \cdot r^2 + 2 \cdot \pi \cdot r \cdot h$	$\rho = m : V \rightarrow m = \rho \cdot V$

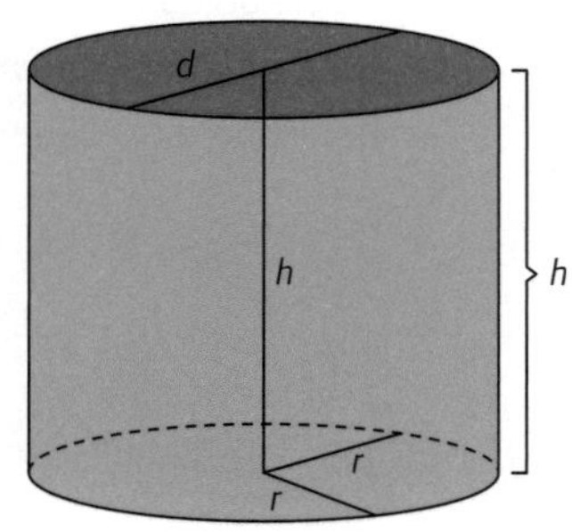

WAS IST ZU TUN?

Für das Schülerexperiment (KV 39) benötigen Sie für jeden Schüler ein Produkt oder Erzeugnis, das als gerader Kreiszylinder originalverpackt ist (z. B. Kirschglas, Wasserglas, Teelicht, Erdnussdose, Cremedose, Farbdose, Senfbehälter, Klebstoffstift, Metallmünzen usw.). Auf dem Körper bzw. dem Etikett müssen Angaben zur Masse und/oder zum Volumen des Inhalts vorhanden sein.
Jeder Schüler wählt einen Körper aus und führt die Messungen und Berechnungen in Partnerarbeit durch. Innerhalb der Auswertung vergleichen die Schüler die berechneten Angaben mit denen auf der Verpackung. Der *TIPP* stellt Angaben zur Dichte ausgewählter Produkte zur Verfügung. Der Einfachheit halber wurden die Werte für den Inhalt zusammen mit der Verpackung bestimmt. Die Angaben zur Dichte sind erforderlich, um die jeweilige Masse des Produkts berechnen zu können. Für die effektive Vorbereitung, Auswertung und Kontrolle können Sie eine Tabellenkalkulation mit den Körpern, den Messwerten und den Formeln für die automatischen Berechnungen erstellen. Natürlich können auch die Schüler ihre Ergebnisse in einer vorgegebenen Tabellenkalkulation erfassen oder die Datei sogar selbst erstellen.

WIE KANN DIFFERENZIERT WERDEN?

› **NIVEAU 1:** Wenn gravierende Probleme zu erwarten sind, dann sollten diese Schüler nur einen Körper gemeinsam mit einem leistungsstärkeren Partner bearbeiten.
› **ZUSATZ 1:** Mit dem vorgegebenen Netz bauen die Schüler einen Kreiszylinder und messen den Radius und die Höhe, um das Volumen, den Mantel und die Oberfläche berechnen zu können.
› **ZUSATZ 2:** Die Schüler tauschen ihre Kreiszylinder aus und bearbeiten sie entsprechend den Aufgaben zum ersten Körper. Dazu kann wieder das Arbeitsblatt (KV 39) verwendet werden.
› **ZUSATZ 3:** Eine kreative Aufgabe besteht in der Gestaltung eines Etiketts für ein vorgegebenes oder selbst gewähltes Produkt. Für das Etikett soll möglichst die gesamte Mantelfläche genutzt werden.
› **ZUSATZ 4:** Weitere Anwendungen für den geraden Kreiszylinder können die Schüler auch als Hausaufgabe mit dem Arbeitsblatt (KV 40) bearbeiten.

TIPP UND ZUSATZ KREISZYLINDER

Tipp

Angaben zur Dichte ausgewählter Produkte

Hinweis: Die Angaben wurden experimentell ermittelt und sind ungefähre Werte.

Produkt	Dichte
Kirschen (Glas)	1 g/cm³
Nüsse (Dose)	0,4 g/cm³
Batterie	1,98 g/cm³
Hautcreme	2,6 g/cm³
Mischgemüse (Glas)	0,9 g/cm³

Produkt	Dichte
Farbe (Glas)	1,6 g/cm³
Senf (Plastikbecher)	1,1 g/cm³
Klebstoff (Plastikstift)	1,2 g/cm³
Papier	0,13 g/cm³
Birkenholz (Dekoration)	0,65 g/cm³

Zusatz 1

Kreiszylindernetz

- Schneide das Netz aus und klebe es zu einem Kreiszylinder zusammen.
- Bestimme den Durchmesser, den Radius und die Höhe.
- Berechne das Volumen, die Mantelfläche und die Oberfläche. Arbeite in deinem Heft.

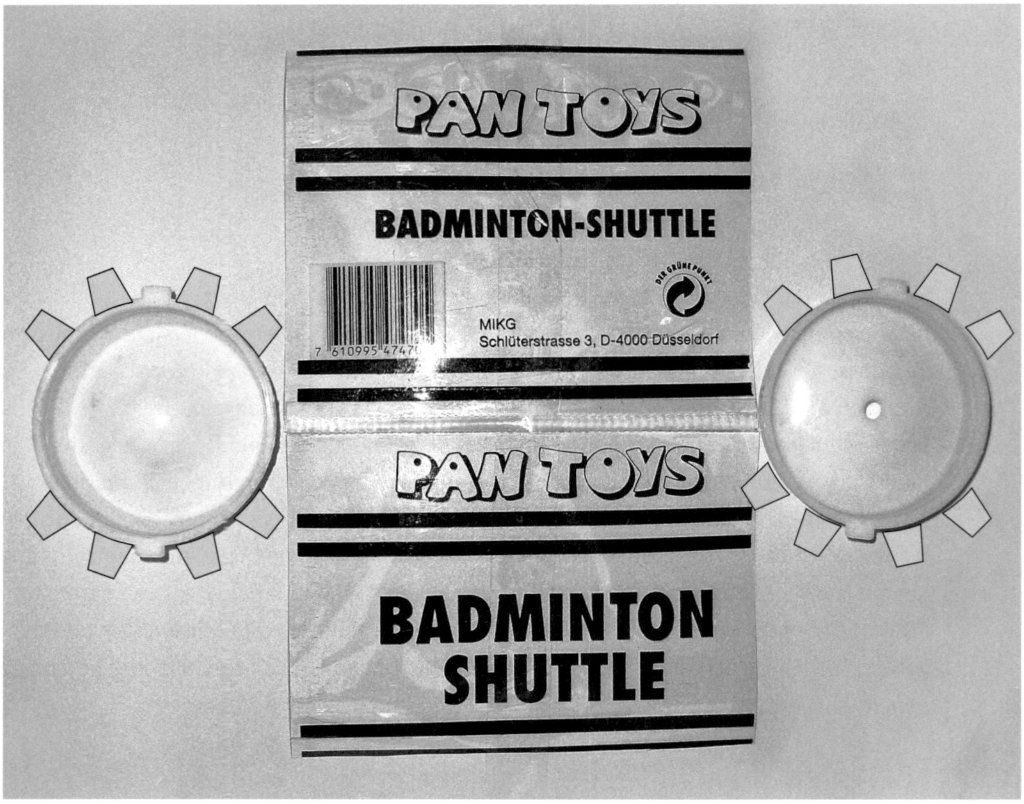

Zusatz 2

Der Nächste bitte!

- Tausche mit anderen Schülern die Kreiszylinder aus.
- Führe die Untersuchungen für weitere Kreiszylinder durch. Nutze auch den Platz auf der Rückseite des Protokolls.

Zusatz 3

Das Etikett

- Wähle ein Produkt aus, das in einer zylinderförmigen Verpackung angeboten wird.
- Ermittle die maximale Größe des Etiketts (die Mantelfläche).
- Gestalte das Etikett nach deinen Vorstellungen (Angaben zum Produkt, Strichcode, Barcode, Zeichnungen, Bilder, Schrift usw.). Arbeite in deinem Heft.

Name:
Klasse: Datum:

Kreiszylinder

KV 39

Gut verpackt als Kreiszylinder

VORBEREITUNG

- Du hast einen Körper (Kreiszylinder) erhalten.
- Skizziere den Kreiszylinder in räumlicher Darstellung.
- Verdeutliche in der Skizze den *Durchmesser, den Radius, den Umfang und die Höhe* des Kreiszylinders.
- Notiere drei wichtige Angaben zum Produkt, die du auf der Verpackung finden kannst.

1 ______________________________

2 ______________________________

3 ______________________________

DURCHFÜHRUNG

- Miss von dem Körper folgende Größen: *den Durchmesser und den Umfang mit einem Maßband, die Höhe mit einem Lineal und die Masse mit einer Waage.*

Bezeichnung	Durchmesser d	Radius r	Umfang u	Höhe h	Masse m

AUSWERTUNG

- Suche die Angaben zum Volumen und/oder zur Masse auf dem Etikett der Verpackung und schreibe die Werte in die Tabelle.
- Berechne das Volumen und/oder die Masse des Körpers (*TIPP:* Dichte). Trage die Ergebnisse in die Tabelle ein.

	Angaben vom Etikett		Berechnete Angaben	
Bezeichnung	Masse	Volumen	Masse	Volumen

- Vergleiche die Angaben auf dem Etikett mit den berechneten Werten.

____

- Wie groß kann das Etikett maximal sein? (*TIPP:* Mantelfläche) ______________________________

Kreiszylinder – in unserer Umgebung

› Ordne die folgenden Angaben den passenden Körpern zu.

Salatgurke	Batterie	Bonbonschachtel	2,5 cm / 3,75 cm	Holzdübel
5,50 cm / 1,5 cm	ca. 27 cm / 3 cm	Tischlerei	4 cm / 3 mm	ca. $1{,}14\ cm^3$
ca. $765\ cm^3$	95 %	60 g	ca. $52\ cm^2$	387 kcal

1 **Bezeichnung:** ______________________

Länge (Höhe): ______________________

Radius: ______________________

Volumen: ______________________

Wassergehalt: ______________________

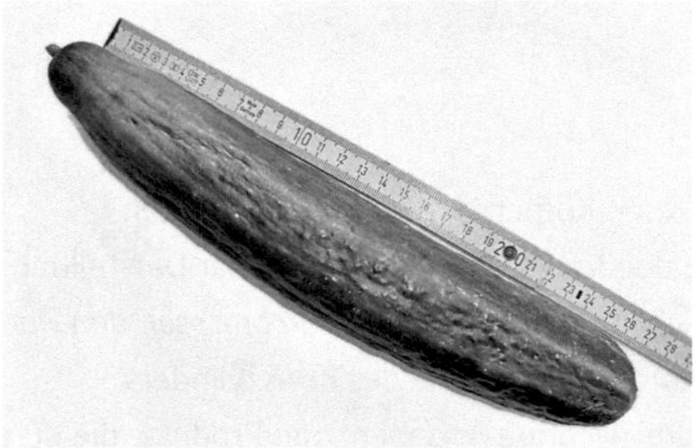

2 **Bezeichnung:** ______________________

Länge (Höhe): ______________________

Radius: ______________________

Mantelfläche (Etikett): ______________________

3 **Bezeichnung:** ______________________

Länge (Höhe): ______________________

Radius: ______________________

Masse: ______________________

Brennwert (100 g): ______________________

4 **Bezeichnung:** ______________________

Länge (Höhe): ______________________

Radius: ______________________

Verwendung: ______________________

Volumen: ______________________

Es geht um die Wurst!

	Lernspiel
Thema	Eine Wurst als Kreiszylinder: Länge, Durchmesser und Umfang schätzen; die Abweichungen berechnen
Materialien pro Spiel	zwei (möglichst große) Salamis, ein Taschenrechner, Lösungsblätter (Klassensatz)

WORUM GEHT ES – WAS WIRD DEUTLICH?

Seit vielen Jahren darf bei uns im Kollegium das „Salami-Spiel“ unseres Schulleiters auf der traditionellen Weihnachtsfeier nicht fehlen. Auch bei Schülern erfreut sich das Ratespiel großer Beliebtheit. Die Schüler üben mit dem Schätzen der *Länge l* (in mm und cm) und der *Masse m* (dem Gewicht in g und kg) einer möglichst großen Salami in spielerischer Form den Umgang mit mathematischen Größen.
Der Gewinn des Spiels, die Salami selbst, wandert von Hand zu Hand, wobei das Etikett natürlich entfernt wurde. Die Mitspieler sollen nicht raten, sondern mittels ihrer Erfahrungen die Größen in den geforderten Einheiten **sinnvoll abschätzen.** Für die Länge benutzen beispielweise einige Personen ihre Fingerspanne. Für die Auswertung der Angaben eignen sich die Differenzwerte zwischen den geschätzten und den tatsächlichen Werten. Diese Werte berechnen die Schüler natürlich selbst.

WAS IST ZU TUN?

Besorgen Sie eine möglichst große Salami und messen Sie die Länge, die Masse, den Durchmesser und den Umfang der Wurst. Bereiten Sie mit diesen Angaben ein Lösungsblatt vor. Verabreden Sie vor dem Spiel gemeinsam mit den Schülern die **Spielregeln** und lassen Sie diese auf dem Protokoll festhalten (KV 41). Für die Durchführung darf jeder Schüler die Salami in die Hand nehmen und begutachten. Bei größeren Lerngruppen können Sie auch zwei Gruppen (zwei unterschiedliche Salamis) einteilen, das beruhigt die Situation und ungewollte „Partnerarbeiten“ werden größtenteils vermieden. Die Zeitspanne wählen Sie entsprechend der Schülerzahl. Haben alle Schüler ihre Schätzwerte notiert, beenden Sie die Durchführung mit einem deutlichen Signal (z. B. Glocke) und lassen die Protokolle für die gemeinsame Auswertung untereinander gruppenweise geordnet austauschen. Die Schüler erhalten zum Vergleichen ein Lösungsblatt. Anschließend tauschen die Schüler ihre Protokolle untereinander aus und erhalten das Lösungsblatt. Mit den Lösungen berechnen die Schüler die Summe der Abweichungen, die der erreichten Punktzahl entspricht. Je größer die Abweichungen, desto größer die Punktzahl. Es hat also der Schüler mit der kleinsten Punktzahl gewonnen. Sie sammeln die Protokolle ein, um sie nach dem Unterricht zu überprüfen und den Sieger zu ermitteln.
In einer der nächsten Stunde wird der Gewinner gekürt und kann als schöne Erinnerung mit der Salami auf einem „Siegerfoto“ festgehalten werden. Es bietet sich auch an – anonym natürlich – die größten Ausreißer mit den größten Abweichungen auszuwerten.
TIPP: Falls in der „Spielstunde“ noch Zeit übrig geblieben ist, können Sie die Schüler auffordern, ihre Erfahrungen beim sinnvollen Schätzen der Länge, der Masse und des Energiewertes zu formulieren und zu demonstrieren. Das geht beispielsweise bei Längenschätzungen sehr gut mit dem Einsatz der Fingerspanne als Maß.

WIE KANN DIFFERENZIERT WERDEN?

- **NIVEAU 1:** Zum besseren Verständnis kann im Vorfeld die individuelle Länge der Fingerspanne (ab S. 7) ermittelt und der Einsatz geübt werden. Weiterhin könnten für verschiedene Lebensmittel die Energiewerte recherchiert und erläutert werden, beispielsweise das überschlagmäßige Umrechnen von Portionsgrößen auf das Gewicht des gesamten Produktes.
- **NIVEAU 2:** Die Schüler schätzen den Energiewert der Salami und die äquivalente Laufzeit (KV 41).
  TIPP: Für eine Laufzeit von einer Stunde und einer Strecke von 10 km ergeben sich ca. 800 kcal.

Name:		Kreiszylinder
Klasse:	Datum:	

KV 41

Es geht um die Wurst!

SPIELREGELN

- Lies und ergänze die folgenden Spielregeln:
  - Es arbeitet jeder Schüler für sich alleine.
  - Ihr habt _______ Minuten Zeit.
  - Du darfst die Wurst in die Hand nehmen.
  - Weitere Hilfsmittel sind nicht erlaubt.
  - Tauscht die Protokolle für die Auswertung aus. Du bekommst ein Lösungsblatt.
  - Gewonnen hat die Schülerin / der Schüler mit den **wenigsten** Punkten.

SPIEL AB! BASIS

- Schätze die Angaben und schreibe die Werte in die Tabelle.

Länge der Wurst		
geschätzt	**tatsächlich**	**Differenz**
mm	mm	mm
Masse (Gewicht) der Wurst		
g	g	g
Durchmesser		
mm	mm	mm
Umfang		
mm	mm	mm

ZUSATZ FÜR PROFIS

- Schätze die Angaben und schreibe die Werte in die Tabelle.

Energiewert der Salami		
geschätzt	**tatsächlich**	**Differenz**
kcal	kcal	kcal
kJ	kJ	kJ
Entsprechende Laufzeit (10 km/h)		
geschätzt	**tatsächlich**	**Differenz**
min	min	min
h	h	h

AUSWERTUNG – SCHÜLER

- Dein Name: ______________________
- Schreibe die tatsächlichen Werte vom Lösungsblatt in die Tabelle.
- Berechne die Differenzen (Abweichungen) und schreibe sie in die Tabelle.
- Addiere die Beträge der Differenz-Werte aus der Tabelle: ______________________
- Punktzahl: ______________________

AUSWERTUNG – LEHRER

- Überprüfen Sie die ermittelte Punktzahl.

____

- Nehmen Sie eine kurze Einschätzung vor.

____

____

____

____

XXL-Gräber – Die Pyramide

	Schülerexperiment
Thema	Die gerade Pyramide: Volumen, Mantelfläche, Oberfläche und vielfältige Anwendungen
Materialien pro Gruppe	Bastelbogen (MATERIAL), eine Schere, Klebstoff, ein Lineal, ein Geodreieck und ein Taschenrechner

WORUM GEHT ES – WAS WIRD DEUTLICH?

Die Pyramide ist ein geometrischer Körper. Die Grundfläche ist ein Vieleck. Bei einer dreieckigen Grundfläche spricht man von einem Tetraeder *(griech. = Vielflächner).* Die Seitenflächen sind Dreiecke. Alle Seitenkanten treffen sich in der Spitze der Pyramide. Die Höhe wird senkrecht von der Grundfläche bis zu Spitze gemessen.

Pyramide mit quadratischer Grundfläche	**Pyramide mit rechteckiger Grundfläche**
Grundfläche A_G	
$A_G = a \cdot a = a^2$	$A_G = a \cdot b$
Mantelfläche AM	
$A_M = 2 \cdot a \cdot h_a$	$A_M = a \cdot h_a + b \cdot h_b$
Oberfläche $A = A_G + A_M$	
Volumen $V = \frac{1}{3} \cdot A_G \cdot h$	
$V = \frac{1}{3} \cdot A_G \cdot h = \frac{1}{3} \cdot a^2 \cdot \mathbf{h}$	$V = \frac{1}{3} \cdot A_G \cdot h = \frac{1}{3} \cdot a \cdot b \cdot h$

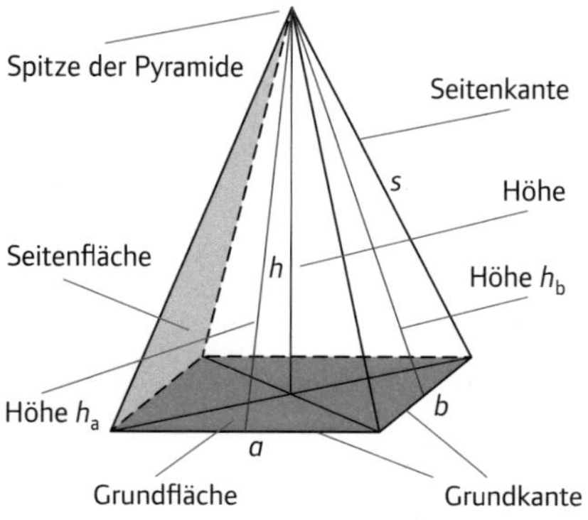

WAS IST ZU TUN?

Ein Bastelbogen (MATERIAL) bildet den Ausgangspunkt für das Schülerexperiment. In Einzel- oder Partnerarbeit bauen die Schüler aus den vorgegebenen Netzen eine Pyramide mit quadratischer und eine mit rechteckiger Grundfläche und nehmen daran die Messungen vor. Nach Bedarf können Sie den Bastelbogen beim Kopieren vergrößern und eventuell auf eine dünne Pappe kleben. Innerhalb der Auswertung berechnen die Schüler das Volumen, die Mantelfläche und die Oberfläche (KV 42). Abschließend bearbeiten die Schüler Anwendungen (KV 43) für Körper in Form von Pyramiden.

WIE KANN DIFFERENZIERT WERDEN?

- **NIVEAU 1:** Die Schüler bearbeiten nur die Pyramide mit quadratischer Grundfläche.
- **NIVEAU 2:** Innerhalb der Vorbereitung (KV 42) berichtigen die Schüler die falschen und begründen die richtigen Aussagen.

ZUSATZ DAS TETRAEDER

- Zeichne das Netz eines Tetraeders (Dreieckspyramide mit gleichseitigen Dreiecken als Grund- und Seitenflächen). Die Länge aller Seitenkanten beträgt a = 6 cm.
  TIPP: Denke an die Klebefalze.
- Baue mit dem Netz den Tetraeder zusammen.
- Miss die Länge der Seitenhöhe.
- Berechne das Volumen, die Mantelfläche und die Oberfläche.

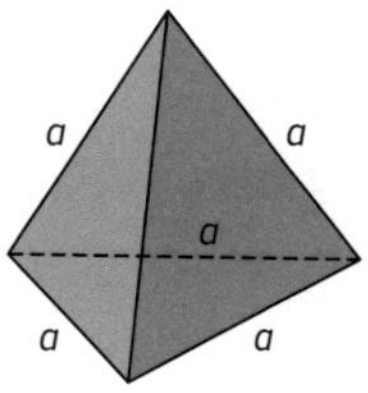

MATERIAL PYRAMIDEN MIT QUADRATISCHER UND RECHTECKIGER GRUNDFLÄCHE

Material **Pyramiden-Netze**

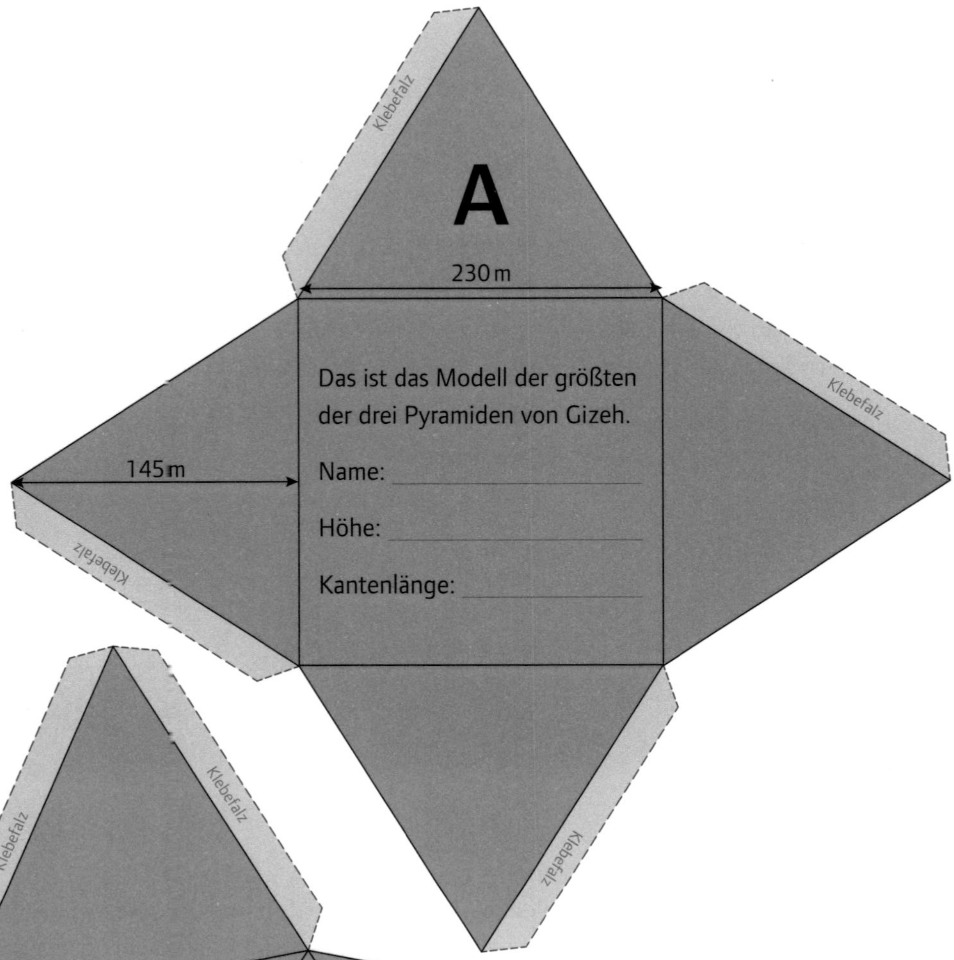

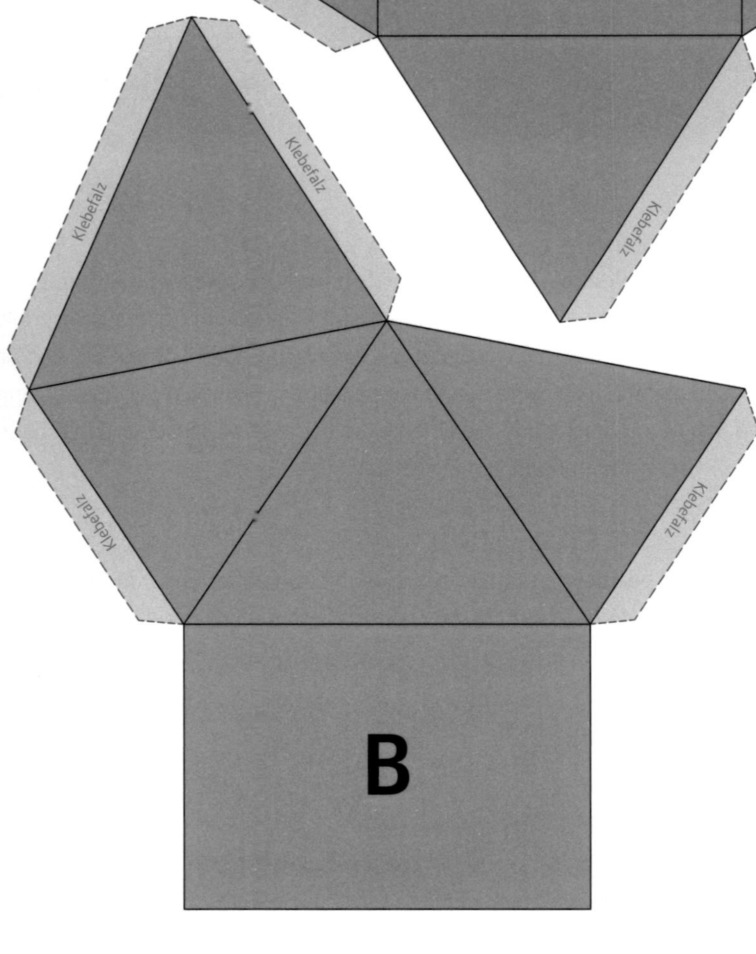

Die Pyramide

VORBEREITUNG

› Skizziere das Schrägbild einer Pyramide mit quadratischer Grundfläche.
› Verdeutliche in der Skizze *die Höhe, die Grundkante, die Seitenkante, die Seitenhöhe und die Spitze* der Pyramide.
› Streiche die falschen Aussagen durch.

Pyramiden …

1 … waren große Wohnstätten der Pharaonen in Ägypten.
2 … haben immer eine Spitze, an der sich die Seitenkanten treffen.
3 … haben immer vier gleich große Seitenflächen.
4 … sind geometrische Körper mit einem Vieleck als Grundfläche.
5 … sind vierdimensionale Körper.
6 … können gerade, aber auch schief sein.

DURCHFÜHRUNG

› Schneide die Netze aus und klebe sie zu Pyramiden zusammen.
› Miss von den Pyramiden *die Höhe, die Länge der Grundkante, die Länge der Seitenkante und die Seitenhöhen* h_a bzw. h_b mit einem Lineal.

Pyramide	Höhe h	Grundkante a	Seitenkante s	Seitenhöhe h_a	Seitenhöhe h_b
quadratische Grundfläche					
rechteckige Grundfläche					

AUSWERTUNG

› Berechne die Grund-, Mantel und Oberfläche und das Volumen. Trage die Ergebnisse in die Tabelle ein.

Pyramide	Grundfläche A_g	Mantelfläche A_M	Oberfläche A	Volumen V
quadratische Grundfläche				
rechteckige Grundfläche				

› Notiere den Rechenweg für die Berechnung des Volumens der Pyramide mit quadratischer Grundfläche.

Rechenweg:

Formel: ______

Werte einsetzen: ______

Ergebnis: ______

Antwortsatz: ______

Pyramiden – in unserer Umgebung

› Ordne die folgenden Angaben den passenden Körpern zu.

Chephren-Pyramide	Aluminium	Grabstätte	22 111 096 m^3	14 U/min
Turmdach (Modell)	4 m^2	20 cm	um 2550 v. Chr.	ca. 53°
Weihnachtspyramide	15 mm / 15 mm	1 125 mm^3	Papier	Wärmeströmung
136,40 m / 215,25 m	Sitzbank	1,40 m / 2,00 m		

1 **Bezeichnung:** ____________________

Zweck: ____________________

Höhe: __________ Grundkante: __________

Neigungswinkel: ____________________

Volumen: ____________________

Baujahr: ____________________

2 **Bezeichnung:** ____________________

Höhe: __________ Grundkante: __________

Volumen: ____________________

Material (Stoff): ____________________

3 **Verwendung:** ____________________

Höhe: __________ Grundkante: __________

Größe der Grundfläche: ____________________

Material (Stoff): ____________________

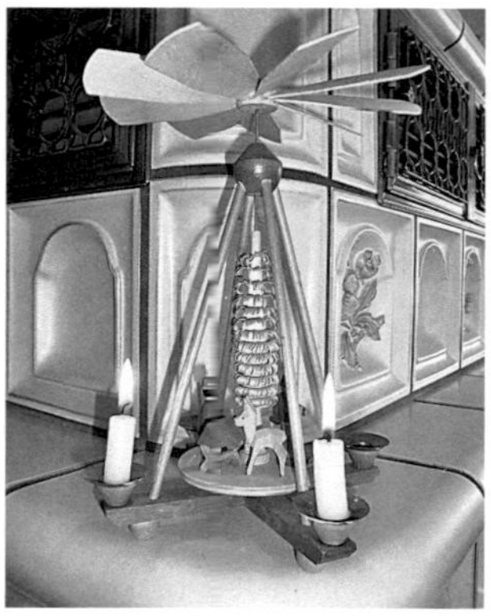

4 **Bezeichnung:** ____________________

Antrieb: ____________________

Länge der Seitenkante: ____________________

Drehzahl: ____________________

Der Kreiskegel

	Schülerexperiment
Thema	Der Kreiskegel: Durchmesser, Mantellinie und Höhe messen; Volumen, Mantelfläche, Oberfläche berechnen und vielfältige Anwendungen erkunden
Materialien pro Gruppe	Bastelbogen (MATERIAL), eine Schere, Klebstoff, ein Lineal, ein Geodreieck und ein Taschenrechner

WORUM GEHT ES – WAS WIRD DEUTLICH?

Der Kegel *(althochdeutsch: chegil = Knüppel, Stock, Eiszapfen)* ist ein geometrischer Körper mit einer kreis- oder ellipsenförmigen Grundfläche und Mantellinien, die sich in einer Spitze (Scheitel) treffen. Der gerade Kreiskegel ist ein Spezialfall, bei dem die Höhe des Kegels genau senkrecht auf dem Mittelpunkt der Grundfläche steht. Häufig wird für Kegel auch das Wort Konus *(lat. conus = Kegel)* verwendet.

Mantellinie s	**Mantelfläche A_M**
$s^2 = r^2 + h^2$ (Satz des Pythagoras)	$A_M = \pi \cdot r \cdot s$
Grundfläche A_G	**Volumen V**
$A_G = \pi \cdot r^2$	$V = \frac{1}{3} \cdot A_G \cdot h = \frac{1}{3} \cdot \pi \cdot r^2 \cdot h$
Oberfläche A	**Dichte ρ und Masse m**
$A = \pi \cdot r \cdot (r + s)$	$\rho = m : V \rightarrow m = \rho \cdot V$

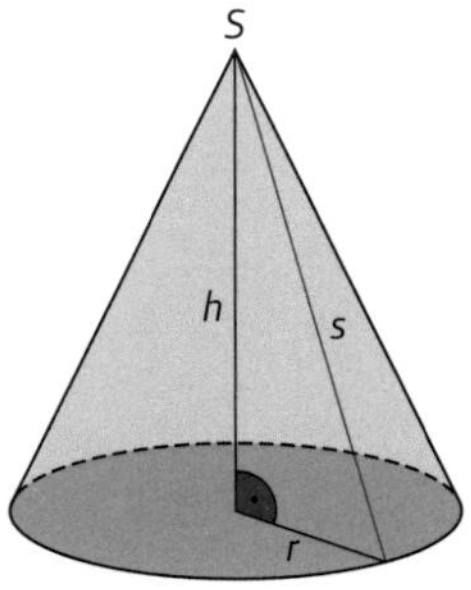

WAS IST ZU TUN?

Als Ausgangspunkt für das Schülerexperiment wurde ein Bastelbogen (MATERIAL) gewählt. In Einzel- oder Partnerarbeit bauen die Schüler aus den vorgegebenen Netzen gerade Kreiskegel und nehmen daran die Messungen vor (KV 44). Nach Bedarf können Sie den Bastelbogen beim Kopieren vergrößern und eventuell auf eine dünne Pappe kleben. Innerhalb der Auswertung berechnen die Schüler das Volumen, die Mantelfläche und die Oberfläche. Abschließend bearbeiten sie Anwendungen (KV 45) für Körper in Form von Kreiskegeln.

WIE KANN DIFFERENZIERT WERDEN?

› **NIVEAU 1:** Die Schüler bearbeiten nur einen Kreiskegel.
› **NIVEAU 2:** Innerhalb der Vorbereitung (KV 44) berichtigen die Schüler die falschen und begründen die richtigen Aussagen.

ZUSATZ DEIN NEUER KEGEL-HUT

› Baue aus einer Zeitung oder aus Bastelpapier einen Hut mit der Form eines schiefen Kegels.
TIPP: Denke an die Klebefalze.
› Skizziere das Netz deines Hutes in deinem Heft.
› Miss den Radius und die Höhe deines Hutes.
› Berechne die Mantelfläche deines Hutes.

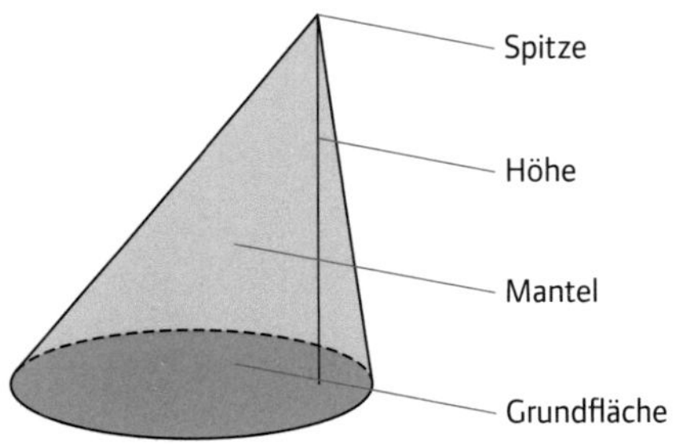

MATERIAL KREISKEGEL

Material **Kreiskegel – Netze**

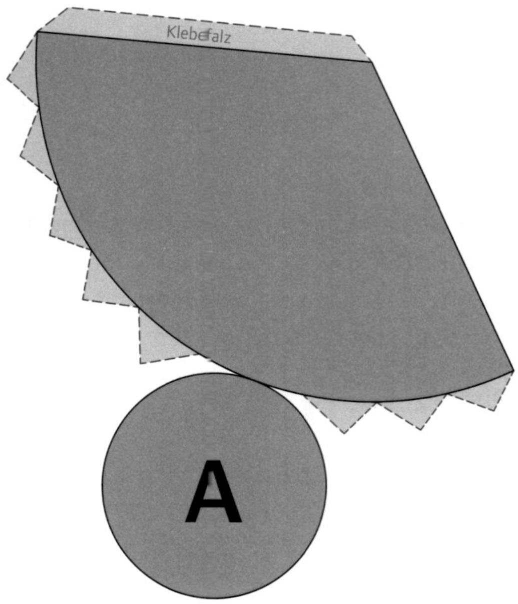

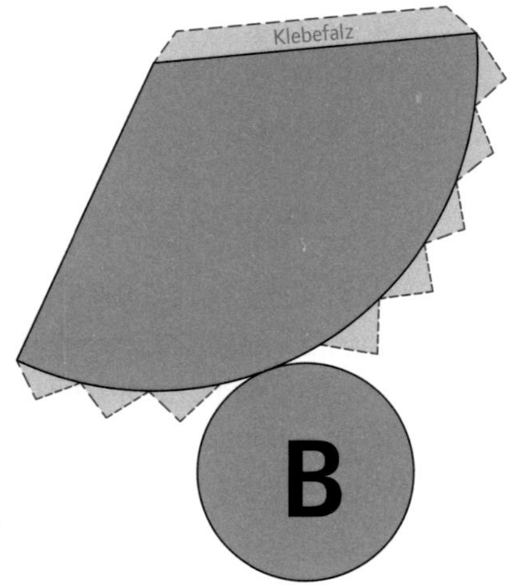

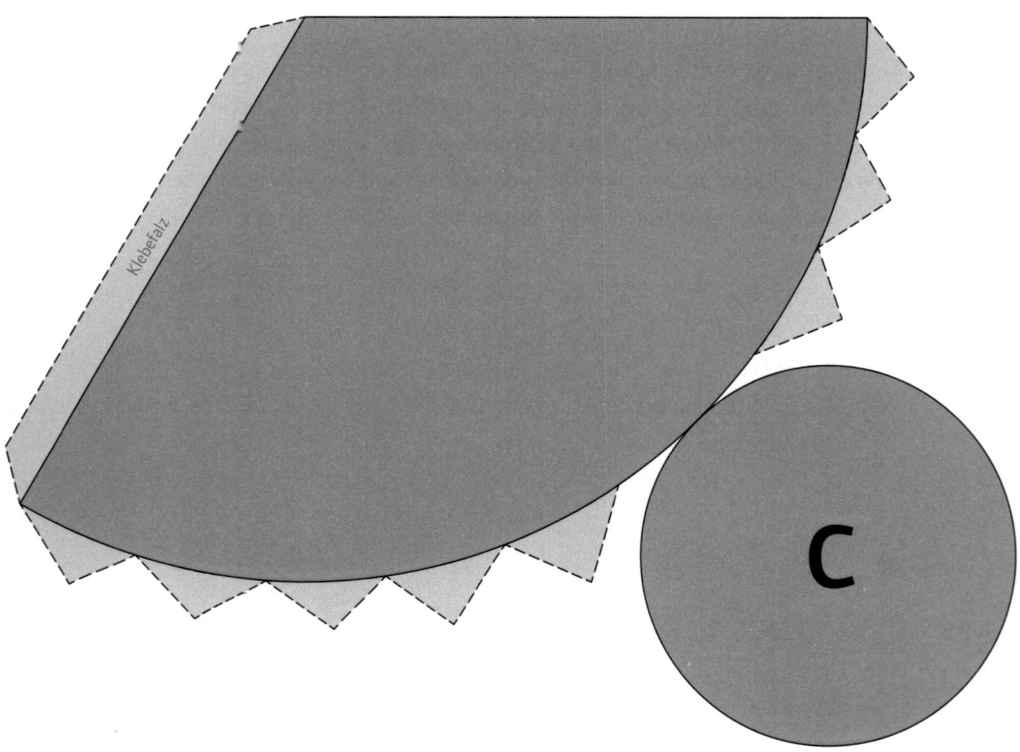

Name:		Der Kreiskegel
Klasse:	Datum:	

KV 44

Der Kreiskegel

VORBEREITUNG

- Skizziere das Schrägbild eines geraden Kreiskegels.
- Verdeutliche in der Skizze die Höhe, den Radius, die Mantellinie und die Spitze des Kegels.
- Streiche die falschen Aussagen durch.

Kreiskegel …

1 … haben immer eine Spitze, an der sich die Mantellinien treffen.
2 … haben immer vier gleich große Seitenflächen.
3 … sind geometrische Körper mit einem Vieleck als Grundfläche.
4 … sind zweidimensionale Körper.
5 … können gerade, aber auch schief sein.
6 … haben immer einen Kreis als Grundfläche.
7 … nennt man auch Konus.

DURCHFÜHRUNG

- Schneide die Netze aus und klebe sie zu Kreiskegeln zusammen.
- Miss von den Kreiskegeln die Höhe, die Länge der Mantellinie und den Radius mit einem Lineal bzw. Geodreieck.

Kreiskegel	Höhe *h*	Mantellinie s	Radius *r*
A			
B			
C			

AUSWERTUNG

- Berechne die Größe der Grund-, Mantel und Oberfläche. Trage die Ergebnisse in die Tabelle ein.

Kegel	Grundfläche A_g	Mantelfläche A_M	Oberfläche A	Volumen V
A				
B				
C				

- Notiere den Rechenweg für die Berechnung des Volumens eines Kreiskegels.

Rechenweg:

Formel: ______________________________

Werte einsetzen: ______________________________

Ergebnis: ______________________________

Antwortsatz: ______________________________

Name:	Der Kreiskegel	KV 45
Klasse: Datum:		

Kreiskegel – in unserer Umgebung

› Ordne die folgenden Angaben den passenden Körpern zu.

1 581 cm^2	Holz	z. B. an Hausdächern	bis zu 2 kg
Graphit	30 cm / 15 cm	Filz	Endstück (Stange)
Bleistiftspitze	Eiszapfen	bis zu mehreren Metern	Hexenhut
56 cm^3	5 mm / 1 mm	ca. 5,24 mm^3	6 cm / 3 cm

1 **Bezeichnung:** ______

Höhe (Länge): ______

Radius: ______

Volumen: ______

Material (Stoff): ______

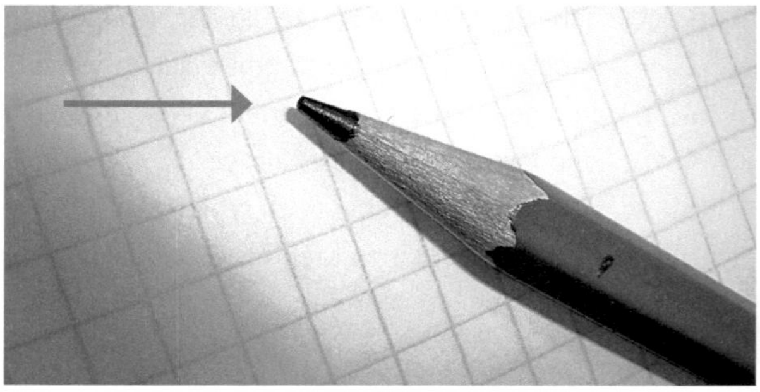

2 **Bezeichnung:** ______

Höhe: ______ Radius: ______

Mantelfläche: ______

Material (Stoff): ______

3 **Bezeichnung:** ______

Länge: ______

Ort: ______

Masse bei einer Länge von einem Meter: ______

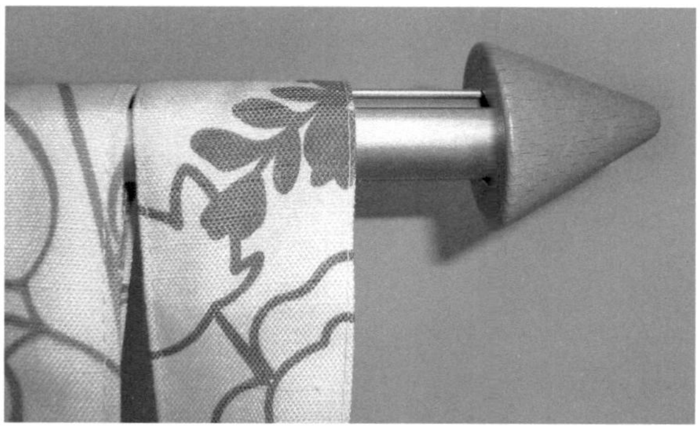

4 **Bezeichnung:** ______

Höhe (Länge): ______

Radius: ______

Volumen: ______

Material (Stoff): ______

Wie schwer ist das Prisma?

	Schülerexperiment
Thema	Das gerade Prisma: Durchmesser, Mantellinie und Höhe messen; Volumen, Mantelfläche, Oberfläche berechnen und vielfältige Anwendungen erkunden
Materialien	verschiedene Prismen als Untersuchungskörper aus unterschiedlichen Stoffen (Holz, Aluminium, Kupfer, Stahl, Schaumstoff, Kork, Gummi usw.) mit drei- und gleichseitiger Grundfläche, eine Waage
Materialien pro Gruppe	ein kompaktes Prisma, ein Lineal, ein Geodreieck und ein Taschenrechner

WORUM GEHT ES – WAS WIRD DEUTLICH?

Das Prisma *(griech. das Zersägte, das Zerschnittene)* ist ein geometrischer Körper, dessen Seitenkanten parallel und gleich lang sind. Die Grund- und Deckflächen sind kongruente Vielecke. Liegt die Mantelfläche senkrecht auf der Grundfläche, dann handelt es sich um ein **gerades Prisma.**

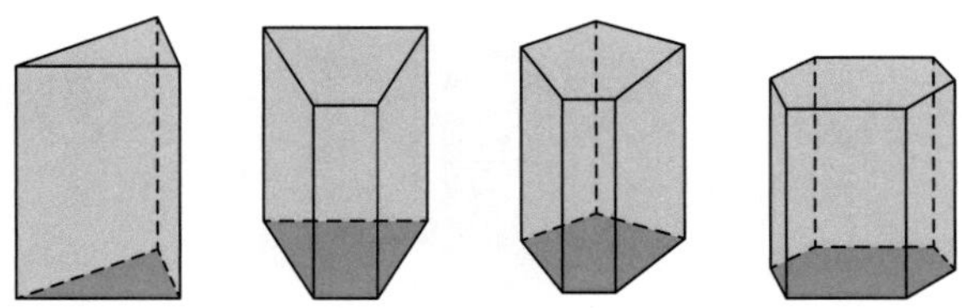

Dreiseitiges Prisma | Vierseitiges Prisma | Fünfseitiges Prisma | Sechsseitiges Prisma

Umfang der Grundfläche u_G	**Mantelfläche A_M**	**Oberfläche A**
$u_G = a + b + c + \ldots$	$A_M = u_G \cdot h$	$A = 2 \cdot A_G + A_M$
Grundfläche A_G (z. B. dreiseitiges Prisma)	**Volumen V**	**Dichte ρ und Masse m**
$A_G = \frac{1}{2} \cdot c \cdot h_c$	$V = A_G \cdot h$	$\rho = m : V \rightarrow m = \rho \cdot V$

WAS IST ZU TUN?

Stellen Sie pro Gruppe ein kompaktes Prisma mit drei- und gleichseitiger Grundfläche bereit. Es ist empfehlenswert, für diesen Zweck Prismen aus verschiedenen Stoffen, z. B. vom Hausmeister oder vom WAT/Arbeitslehre-Bereich in gut handlichen Größen anfertigen zu lassen.

Mit den Messwerten für die Höhe und für die Länge der Grundkante berechnen die Schüler das Volumen, das für die Berechnung der Masse des Körpers erforderlich ist. Den ebenfalls notwendigen Wert für die Dichte des Körpers entnehmen die Schüler z. B. einer Formelsammlung oder dem *TIPP* (Seite 62).

Anschließend messen die Schüler die Masse des Prismas mit einer Waage, die Sie beispielsweise gut zugänglich auf den Lehrertisch stellen. Der Messwert ist mit dem berechneten Ergebnis zu vergleichen und falls große Abweichungen vorhanden sind, sind die Vorgänge zu wiederholen (KV 46).

Abschließend bearbeiten die Schüler Anwendungen (KV 47) für Körper in Form von Prismen.

WIE KANN DIFFERENZIERT WERDEN?

- **NIVEAU 1:** Die Schüler bearbeiten nur ein Prisma.
- **NIVEAU 2:** Innerhalb der Vorbereitung (KV 46) berichtigen die Schüler die falschen und begründen die richtigen Aussagen.
- **ZUSATZ 1:** In Einzel- oder Partnerarbeit bauen die Schüler aus den vorgegebenen Netzen Prismen und bestimmen ihr Volumen und ihre Oberfläche (MATERIAL).
- **ZUSATZ 2:** Die Schüler entwickeln aus der räumlichen Darstellung eines Prismas das Netz, bauen den Körper und führen Berechnungen durch (MATERIAL).

ZUSATZ PRISMA

Zusatz 1

Prismen – Netze

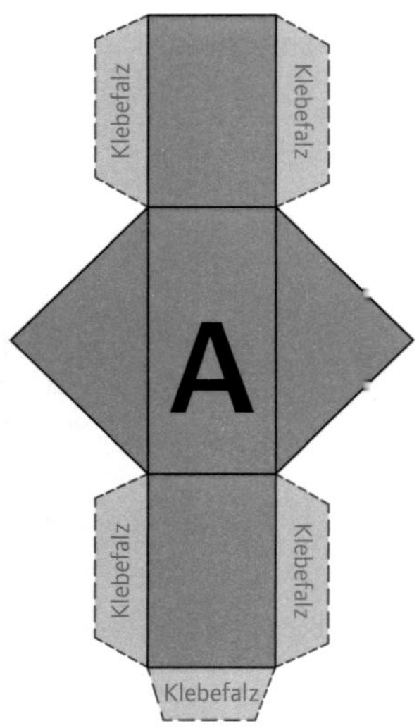

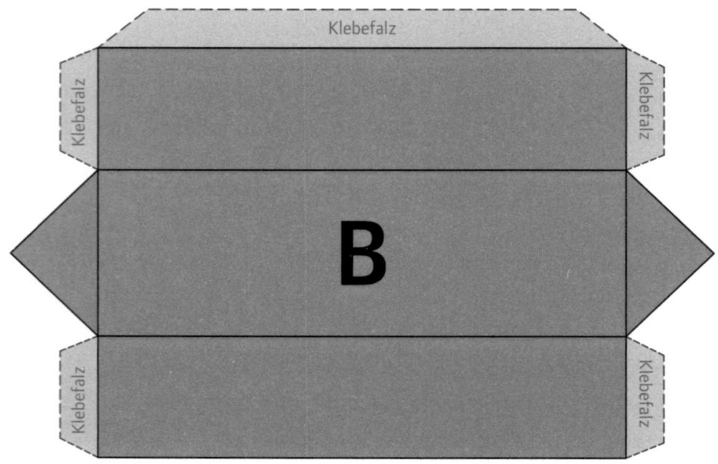

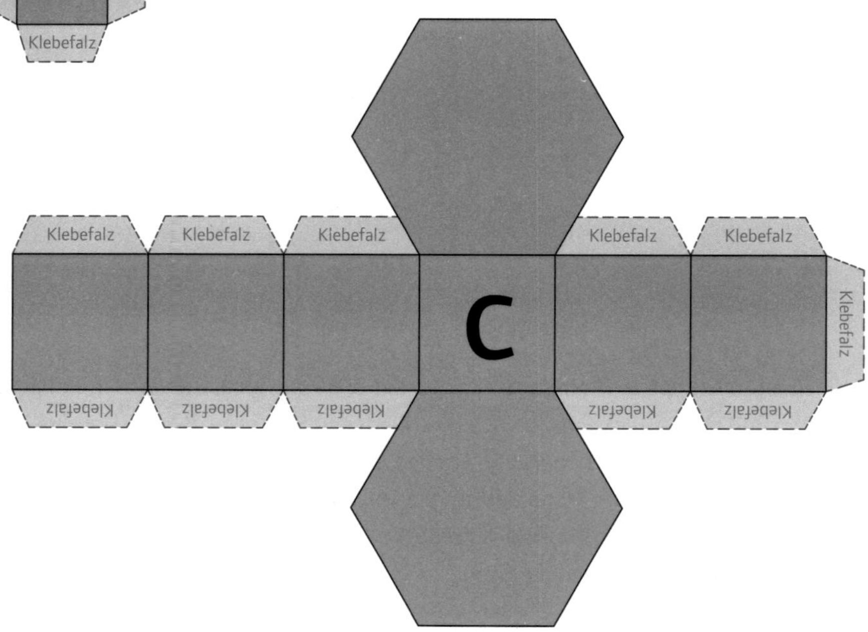

Zusatz 2

Prisma: Vom Netz zum Körper

- Begründe, warum der abgebildete Körper ein Prisma ist.
- Zeichne das Netz für dieses Prisma in Originalgröße (Maßstab 1 : 1) auf ein Blatt Papier.
  TIPP: Benutze kleinkariertes Papier.
- Ergänze das Netz mit den erforderlichen Klebefalzen.
- Schneide das Netz aus, falte es und klebe es zu einem Körper zusammen.
- Berechne die Oberfläche und das Volumen des Prismas.

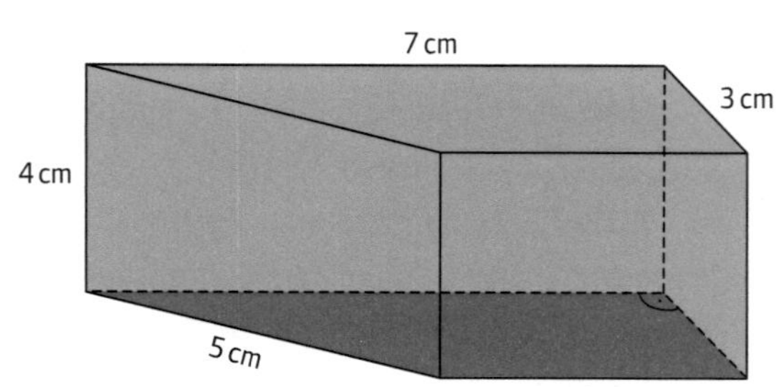

Wie schwer ist das Prisma?

VORBEREITUNG

› Vervollständige das Schrägbild eines dreiseitigen Prismas.
› Verdeutliche in der Skizze *die Höhe, die Grundkante und die Grundfläche* des Prismas.
› Streiche die falschen Aussagen durch.

Prismen …

1 … sind dreidimensionale Körper.
2 … haben immer gleich große Grund- und Deckflächen.
3 … bestehen immer aus 4 Flächen.
4 … aus Glas zerlegen das Licht in Farben.
5 … sind immer gerade.
6 … haben nicht kongruente Grund- und Deckflächen.
7 … sind immer auch Quader.

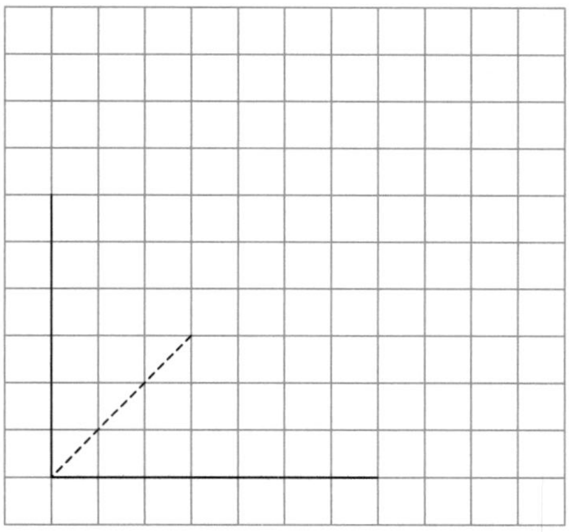

DURCHFÜHRUNG

› Gib den Stoff an und miss vom Prisma die Länge der Grundkante und die Länge der Höhe mit einem Lineal bzw. Geodreieck.

Stoff	Grundkante a	Höhe h

› Miss die Masse des Prismas mit einer Waage.

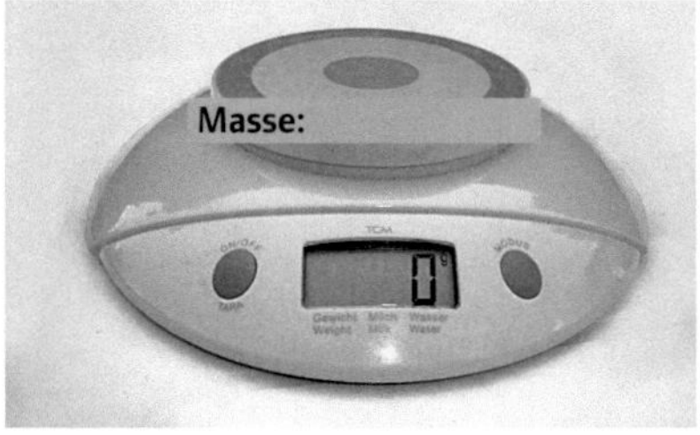

AUSWERTUNG

› Berechne das Volumen und die Masse des Prismas (*TIPP*: Dichte). Notiere die Rechenwege.

Volumen

Formel: ______________________

Werte einsetzen: ______________________

Ergebnis: ______________________

Masse

Formel: ______________________

Werte einsetzen: ______________________

Ergebnis: ______________________

› Vergleiche die berechnete Masse mit der gemessenen Masse.

____

Wiederhole bei großen Abweichungen die Messungen und Berechnungen.

Name:		Prisma
Klasse:	Datum:	

KV 47

Prismen – in unserer Umgebung

› Kennzeichne zur besseren Orientierung zuerst die Deckflächen der Körper mit einem Kreuz.
› Ordne die folgenden Angaben den passenden Körpern zu.

Stahl	Vorschlaghammer	Spaltkeil	30 cm / 10 cm
Brett	280 cm²	ca. 1300 cm³	8 cm
Trapez	Holzscheit	2,6 kg	Holz
8 cm	ca. 20 cm²	60 cm	5 cm / 25 cm
4 kg	150 cm²	1,5 kg	ca. 600 cm³

1 Bezeichnung: ______________________

Höhe (Länge): __________ Grundkante: __________

Volumen: ______________________

Material (Stoff): ______________________

Masse: ______________________

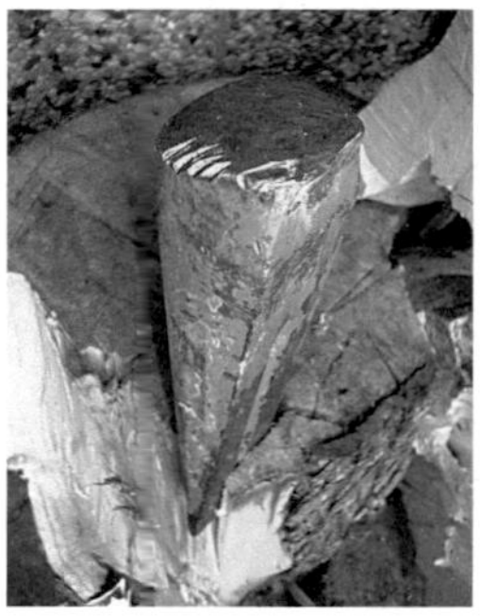

2 Bezeichnung: ______________________

Höhe (Länge): __________ Grundkante: __________

Schlagfläche: ______________________

Material (Stoff): ______________________

Masse: ______________________

3 Bezeichnung: ______________________

Höhe: ______________________

Grundfläche: ______________________

Stiellänge: ______________________

Masse: ______________________

4 Bezeichnung: ______________________

Höhe der Grundfläche: ______________________

Form der Grundfläche: ______________________

Größe der Grundfläche: ______________________

Volumen: ______________________

Eine Packung Kartoffeln – statistisch gesehen

	Schülerexperiment
Thema	Statistische Größen – Grundwert, Mittelwert (arithmetisches Mittel, Durchschnitt), Median (Zentralwert), Maximum, Minimum, Spannweite, Ausreißer, Modus (Modalwert) oberes und unteres Quartil – am Beispiel der Masse von Kartoffeln einer Packung bestimmen Die Massen-Verteilung in einem Boxplot darstellen und interpretieren
Materialien pro Gruppe	eine Packung Kartoffeln (z. B. 2 kg; ca. 19 Kartoffeln), eine Waage, ein Taschenrechner

WORUM GEHT ES – WAS WIRD DEUTLICH?

Die Schüler erarbeiten ausgewählte statistische Größen selbstständig in einem Schülerexperiment. Der Sinn der statistischen Größen und deren Verteilung in einem Boxplot werden anschaulich verdeutlicht. Die Verteilung der Werte für die Massen der einzelnen Kartoffeln aus einer Packung lassen eine starke Streuung der Werte erwarten, die für die Zuordnung der statistischen Größen und das Zeichnen eines anschaulichen Boxplots (Kastendiagramm) günstig ist.

WAS IST ZU TUN?

Die Schülergruppen untersuchen jeweils eine Packung Kartoffeln. Die einzelnen Kartoffeln werden gewogen und der Masse nach sortiert. *Hinweis:* Hier sind für die Bestimmung des Zentralwerts (Medians) ungerade Stichproben geeignet.
Anschließend bestimmen die Schüler ausgewählte statistische Größen (KV 48). Die Auswertung mehrerer Kartoffelverpackungen ergibt stets eine ähnliche Verteilung hinsichtlich der Größe bzw. Masse der Kartoffeln. Somit sind Kartoffelpackungen, anders als Abpackungen annähernd gleichgroßer Tomaten oder Kiwis, bestens für diese statistischen Untersuchungen geeignet.

WIE KANN DIFFERENZIERT WERDEN?

- **NIVEAU 1:** Für das Experiment kann die Anzahl der Kartoffeln (z. B. auf 13 Stück) reduziert und für die Auswertung des Experimentes können die *TIPPS 1* und *2* benutzt werden. In kleinen leistungsschwachen Gruppen kann das Experiment als Demonstration durchgeführt werden.
- **NIVEAU 2:** Die Schüler bestimmen weitere statistische Größen:

Statistische Größe	Wert
Grundwert	
Maximum	
Minimum	
Spannweite	
Median (Zentralwert)	

Statistische Größe	Wert
Modus	
Mittelwert (Durchschnitt)	
Ausreißer	
Unteres Quartil	
Oberes Quartil	

Die Schüler bearbeiten eine Stichprobe mit gerader Anzahl von Kartoffeln.

- **ZUSATZ:** Untersuche eine Packung Äpfel oder Zwiebeln und bestimme die statistischen Größen. Hier kann ebenfalls die Tabelle (siehe oben) genutzt werden.

Tipp 1

Erläuterungen zu ausgewählten statistischen Größen:

- Alle Werte bilden den **Datensatz** (Urliste) der Stichprobe.
- Der **Grundwert** ist die Anzahl aller Werte eines Datensatzes.
- Das **Maximum** ist der größte Wert des Datensatzes.
- Das **Minimum** ist der kleinste Wert des Datensatzes.
- Die **Spannweite** ist die Differenz zwischen dem größten (Maximum) und kleinsten Wert (Minimum) eines Datensatzes.
- Der **Median** (Zentralwert) liegt genau im Zentrum (in der Mitte) der nach Größe sortierten Datenreihe.
- Der **Modus** (Modalwert) ist der Wert, der am häufigsten in der Datenreihe vorkommt. Das kann auch mehrere Werte der Datenreihe betreffen.
- Für den **Durchschnitt** (arithmetisches Mittel, Mittelwert) addierst du alle Werte. Das Ergebnis (die Summe) dividierst du durch die gesamte Anzahl der Daten (Grundwert).
- Der **Ausreißer** ist ein Wert, der von den anderen Werten sehr stark abweicht. Eine Datenreihe kann keinen, einen oder mehrere Ausreißer beinhalten.
- Das **untere Quartil** ist der Median (die Mitte) der unteren Hälfte der nach Größe sortierten Datenreihe.
- Das **obere Quartil** ist der Median (die Mitte) der oberen Hälfte der nach Größe sortierten Datenreihe.

Tipp 2

Der **Boxplot** ist ein Kastendiagramm zur Darstellung der Verteilung von Daten.

- Lies aus dem Boxplot ab:

Minimum: ____________________

Maximum: ____________________

Median: ____________________

unteres Quartil: ____________________

oberes Quartil: ____________________

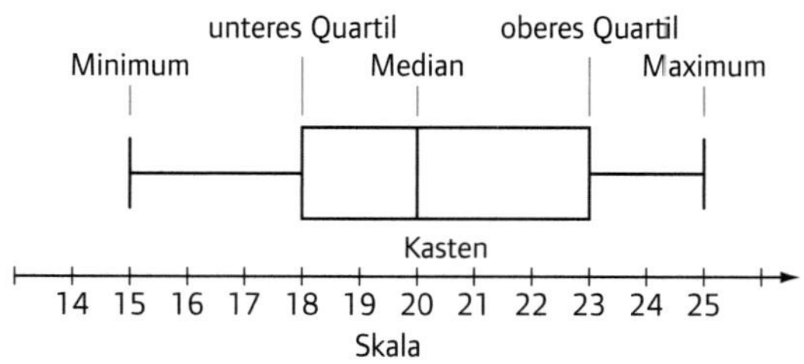

- Was könnte von den Schülern deiner Klasse im Boxplot dargestellt sein?

A Gewicht in kg **B** Taschengeld in € **C** Größe in dm **D** Alter in Jahren

Zusatz

Statistische Größen bestimmen und einen Boxplot zeichnen. Arbeite in deinem Heft.

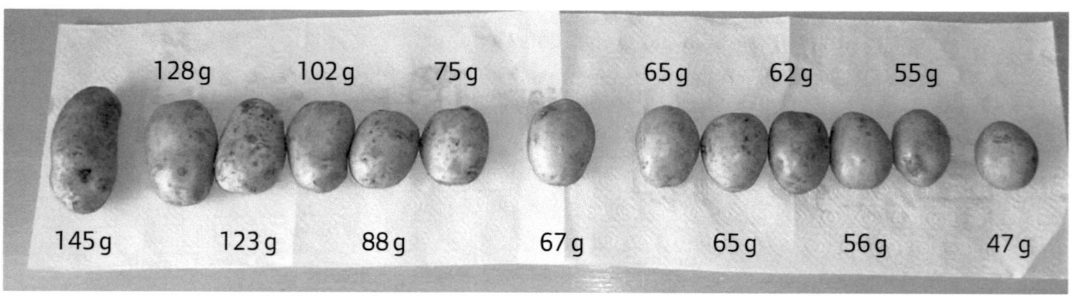

- Bestimme die statistischen Größen *(TIPP 1)* aus dem Bild.
- Zeichne einen Boxplot passend zur Datenverteilung *(TIPP 2)*.
  Hinweis: Das untere Quartil ist der Median (die Mitte) der unteren 7 Kartoffeln.
  Das obere Quartil ist der Median (die Mitte) der oberen 7 Kartoffeln.
- Berechne das arithmetische Mittel (den Durchschnitt) und gib den Modus an.

Name:		Die Kartoffel-Stichprobe
Klasse:	Datum:	

KV 48

Die „durchschnittliche" Kartoffel

	Masse
Summe	

VORBEREITUNG

› Nenne zwei weitere Beispiele für die Angabe des Durchschnitts.

1 *Ein männlicher Erwachsener wiegt im Durchschnitt 75 kg.*

2 __________

3 __________

› Entscheide und begründe, ob die durchschnittliche Masse der Kartoffeln einer Packung mit 19 Kartoffeln richtig oder falsch berechnet wird:

A Davis: *Auf der Packung steht 2 kg. Den Wert teile ich durch 19.*

B Tina: *Ich wiege alle Kartoffeln und dividiere das Ergebnis durch die Anzahl der Kartoffeln.*

C Natalie: *Ich wiege jede Kartoffel einzeln und bilde die Summe. Dann berechne ich den Quotienten aus der Summe und 19.*

DURCHFÜHRUNG

› Miss die Masse jeder einzelnen Kartoffel mit einer Waage.
› Lege die Kartoffeln der Masse nach sortiert in einer Reihe auf den Tisch.
› Schreibe die Messwerte in die Tabelle.

AUSWERTUNG

› Markiere mit einem Textmarker: den Median (Zentralwert) rot, das Maximum und das Minimum grün.
› Addiere die Messwerte. Schreibe die Summe unten in die Tabelle.
› Berechne den Durchschnitt (arithmetisches Mittel) der Messwerte.

____

› Vergleiche die Ergebnisse mit den Ergebnissen der anderen Gruppen.
› Zeichne für die Verteilung der Werte einen Boxplot *(TIPP 3)* in dein Heft.
› Schreibe mindestens drei Aussagen über die Datenverteilung im Boxplot in dein Heft.

Schokobonbons und ihre Häufigkeit

	Schülerexperiment
Thema	Die absolute und relative Häufigkeit bestimmen und die Verteilung im Streifen- und Kreisdiagramm darstellen
Materialien	Schokolinsen (gut geeignet sind z. B. *m&m's PEANUT* in den Farben gelb, orange, rot, grün blau und braun; eine 250-g-Packung reicht für 5 Gruppen), eine Waage
Materialien pro Gruppe	ein Becher mit ca. 50 Gramm farbigen Schokobonbons, ein Taschenrechner oder ein Smartphone

WORUM GEHT ES – WAS WIRD DEUTLICH?

Die Schüler erfassen in einem Schülerexperiment die Farbverteilung (Daten) für 50 Gramm Schokobonbons (Datensatz), die zufällig einer Packung entnommen wurden. Die gesamte Anzahl Schokobonbons, die in 50 Gramm enthalten sind, bildet den **Grundwert *G*** der Stichprobe. Mit den gewonnenen Daten kann die **absolute Häufigkeit *H*** (Anzahl der Schokolinsen mit jeweils einer bestimmten Farbe: z. B. rot, braun, orange, gelb, grün und rot) und die **relative Häufigkeit *h*** (z. B. $h_{rot} = H_{rot} : G$) der einzelnen Farben des Datensatzes bestimmt werden. Die Verteilung der Daten veranschaulichen die Schüler mit einem Streifen- und Kreisdiagramm. Für die grafischen Darstellungen sind Kenntnisse aus der Prozentrechnung anzuwenden. Eine bewährte und günstige Länge für Streifendiagramme sind zehn Zentimeter (100 % → 10 cm; 10 % → 1 cm). Für das Kreisdiagramm gilt: 100 % → 360°; 1 % → 3,6°.

WAS IST ZU TUN?

Die Begriffe Grundwert, absolute Häufigkeit und relative Häufigkeit wurden bereits behandelt. Zur Einstimmung bearbeiten die Schüler den Vorbereitungsteil des Protokolls (KV 49). Entscheiden Sie, ob die Bearbeitung in Einzel- oder Partnerarbeit erfolgen soll. Sind große Schwierigkeiten zu erwarten, sollten Sie den Vorbereitungsteil mit den Schülern gemeinsam bearbeiten.

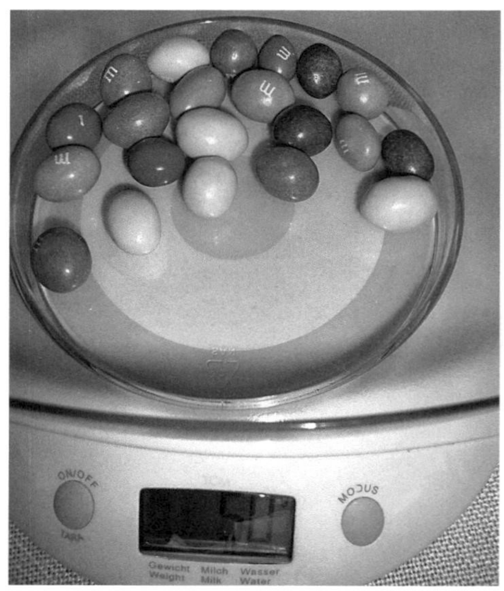

Jede Versuchsgruppe (idealerweise mit jeweils zwei Schülern) erhält als Stichprobe 50 Gramm Schokobonbons, die zufällig einer Packung entnommen wurden. Innerhalb der Durchführung sortieren die Schüler die Schokobonbons nach der Farbe und erfassen den Grundwert und die absoluten Häufigkeiten, berechnen die relativen Häufigkeiten und bereiten die Erstellung der Diagramme vor. Zum Schluss darf genascht werden.

WIE KANN DIFFERENZIERT WERDEN?

- **NIVEAU 1:** Für die Bestimmung der relativen und absoluten Häufigkeit *(TIPP 1)* und für die Erstellung der Diagramme *(TIPP 2)* können die Tipps hilfreich sein. In kleinen leistungsschwachen Gruppen kann das Experiment als Demonstration durchgeführt werden.
- **NIVEAU 2:** Die Schüler arbeiten mit einer größeren Stichprobe (z. B. 100 Gramm).
- **ZUSATZ 1:** Die Schüler bestimmen den Grundwert sowie die absolute und relative Häufigkeit für eine vorgegebene Stichprobe (Bild mit vorgegebener Verteilung von Schokobonbons). Für diese Verteilung von Schokobonbons zeichnen die Schüler ebenfalls ein Streifen- und ein Kreisdiagramm.
- **ZUSATZ 2:** Für eine vorgegebene Verteilung bestimmen die Schüler die Zusammenstellung der Farben für diese Stichprobe.

TIPPS UND ZUSATZ   ABSOLUTE UND RELATIVE HÄUFIGKEIT

Tipp 1

Datensatz, Grundwert, relative und absolute Häufigkeit:

- Alle Werte bilden den **Datensatz** (Urliste) der Stichprobe (50 g Schokobonbons).
- Der **Grundwert *G*** ist die Anzahl aller Werte (Schokobonbons) eines Datensatzes.
- Die **absolute Häufigkeit *H*** ist die Anzahl der Schokobonbons mit jeweils einer bestimmten Farbe: z. B. rot, braun, orange, gelb, grün und rot.
- Die **relative Häufigkeit *h*** (z. B. $h_{rot} = H_{rot} : G$) ist der prozentuale Anteil für das Vorhandensein einer Farbe in der gesamten Stichprobe.

Tipp 2

Das Streifendiagramm:

Ist der Streifen 10 cm lang, dann gilt:

100 % → 100 mm = 10 cm
50 % → 50 mm = 5 cm
10 % → 10 mm = 1 cm
1 % → 1 mm = 0,1 cm

Das Kreisdiagramm:

100 % → 360° (Vollkreis)
50 % → 180° (Halbkreis)
10 % → 36°
1 % → 3,6°

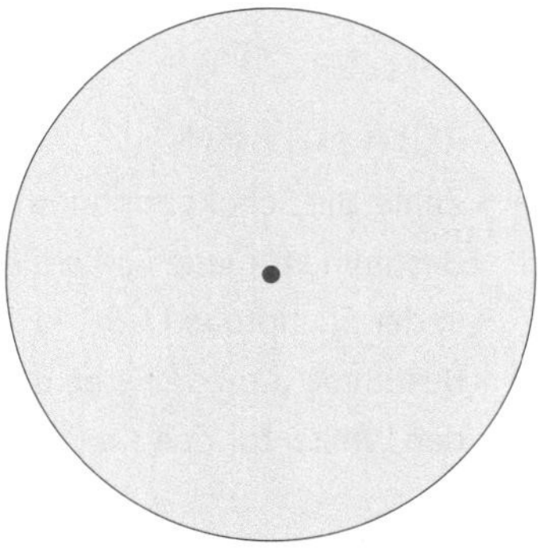

Zum Üben:

- Vervollständige die Tabelle und die Diagramme (Streifen- und Kreisdiagramm).
- Der Grundwert *G* der Stichprobe beträgt 40 Schokobonbons.

Farbe	blau	rot	gelb	grün	braun	orange
Absolute Häufigkeit	5	10	0	4	1	20
Relative Häufigkeit	$\frac{5}{40}$ = 12,5 %					
Streifenlänge	12,5 mm					
Winkel	45°					

Zusatz 1

Untersuche die Stichprobe (Bild) Schokobonbons. Arbeite in deinem Heft.

- Bestimme den Grundwert *G* sowie die absolute und die relative Häufigkeit der Stichprobe.
- Zeichne für die Verteilung ein Streifen- und ein Kreisdiagramm.

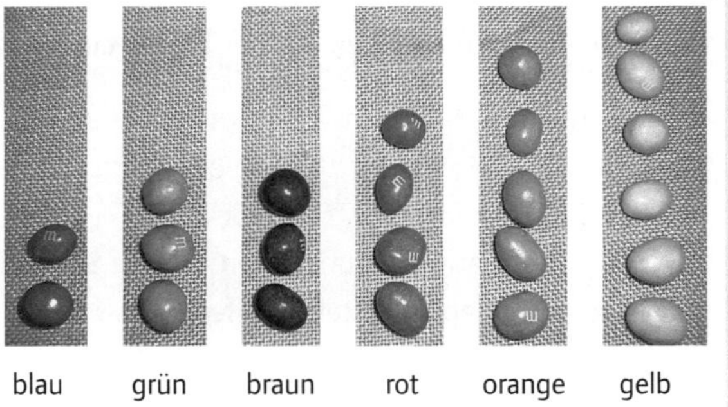

blau   grün   braun   rot   orange   gelb

Zusatz 2

Gegeben ist das Streifendiagramm für eine Stichprobe von 100 Schokobonbons.

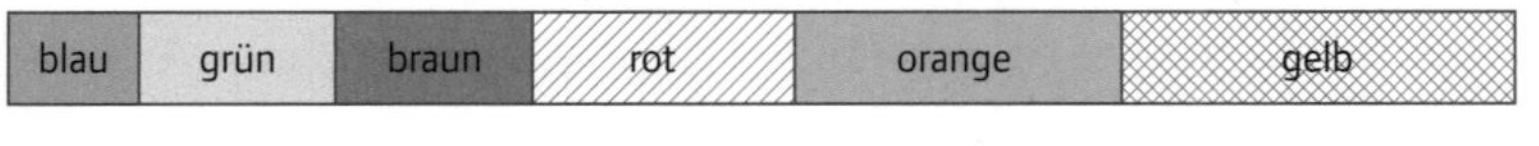

- Bestimme die absolute und die relative Häufigkeit für die Farben der Stichprobe.
- Zeichne für die Verteilung ein Kreisdiagramm.
- Arbeite in deinem Heft.

Name:		Absolute und relative Häufigkeit
Klasse:	Datum:	

KV 49

Schokobonbons und ihre Verteilung

VORBEREITUNG

Beurteile die folgenden relativen Häufigkeiten für rote Schokobonbons in einer Stichprobe von 50 Gramm Bonbons.

› 100 % ____________________

› 0 % ____________________

› 50 % ____________________

› 1 % ____________________

DURCHFÜHRUNG

› Zähle alle Schokobonbons der Stichprobe (50 g). Der Grundwert beträgt ______ Bonbons.

› Bestimme für jede Farbe die absolute und die relative Häufigkeit (als Bruch und in Prozent) in der Stichprobe *(TIPP 1)*.

› Bestimme für jede Farbe die Länge des Streifenabschnittes für das Streifendiagramm und den Winkel für den Kreisausschnitt im Kreisdiagramm *(TIPP 2)*.

Farbe						
Absolute Häufigkeit						
Relative Häufigkeit						
Streifenlänge						
Winkel des Kreisausschnittes						

AUSWERTUNG

› Zeichne mit den Angaben aus der Tabelle ein Streifen- und ein Kreisdiagramm *(TIPP 2)*.

› Notiere die relativen Häufigkeiten für rote Schokobonbons aller Versuchsgruppen. Was stellst du fest?

____

____

____

____

____